読みなおす日本史

飢えと食の日本史

菊池勇夫

吉川弘文館

目次

第四章　飢饉回避の社会システム……一一三

序章　今、なぜ飢饉か

飢饉を見る視点

飢えるということが死に直結していた時代は日本列島の歴史においても長く続いた。農作物が取れなくなり、日々の食べ物に欠乏し飢える状態のことを飢饉というが、水田稲作を中心としてきた日本の農業社会にとって、飢饉は避けがたい宿命のようなものであった。

人類は有用植物を農業生産というかたちで人工化し、管理することによって、非食料生産人口を含む多大な人口を養うことが可能になった。米は単位面積あたりの収穫量から見て、とくにすぐれた穀物であった。

しかし、南北に長い日本列島では、地域差をたぶんに含んで旱害《かんがい》、冷害、風水害、虫害などの天災に襲われると凶作になりやすく、餓死者を発生させるのがしばしばであった。とりわけ江戸時代には大規模飢饉が何度か襲っている。

凶作や飢饉はよく人災だといわれてきた。その理由は、農業生産がそもそも人間集団による自然の囲い込みに始まるという本質に根ざしているからである。また、剰余生産のうえに作りあげられてきた社会・国家の危機管理のシステムが自然災害にうまく対応できず、被害を大きくしてしまうという性格を、常に帯びていたからである。

したがって、人間が自然の一部として生きていた採集・狩猟の時代を別にすれば、飢饉の歴史は、おおむね人間と自然の関係、あるいは人間と人間の関係が生み出したひずみの歴史、人災史として論じられることになろう。今日では自然災害そのものも、たとえば異常気象は二酸化炭素排出による地球温暖化が原因とされ、またある国の飢餓は森林伐採による農地開発が洪水を誘発したといわれるように、人間活動が深く関与している場合が少なくない。そうした過ちに私たちはだいぶ気づき始め、自然のシステムに負荷をかけないかたちでの持続可能な道が模索されている。

その意味で、飢饉の歴史を明らかにする、問い直すという作業は、その時代の気候変動や自然環境、生産の技術や社会・国家のしくみ、そして流通経済の展開度など、全体的・総合的な考察と理解が求められる。しかも、人間活動が国境や地域世界を越えるにしたがい、グローバルな視野が不可欠となってきている。

飢饉の歴史というと、人が人を食うとか、人間のおぞましい所業に興味・関心を抱くもののように思われ、あるいは年代記的な事件史のひとこまにすぎないと思われるけれども、それは違う。飢饉は食料という生命維持の根本に関わっているという点において、人間と人間がいがみ合い殺し合ってきた戦争の歴史とともに、いまだ克服されていない問題として、人類史の中核を構成すべき研究テーマなのではないかというのが、私の基本的な考えである。

危ない日本の食料事情

現代の日本人は幸せな時代に生きているというべきなのか、かつて日本列島に飢饉があったこと、飢饉によってたくさんの人々が飢えや疫病で死んだことを、ふだん、ほとんど振り返りもせず生活している。

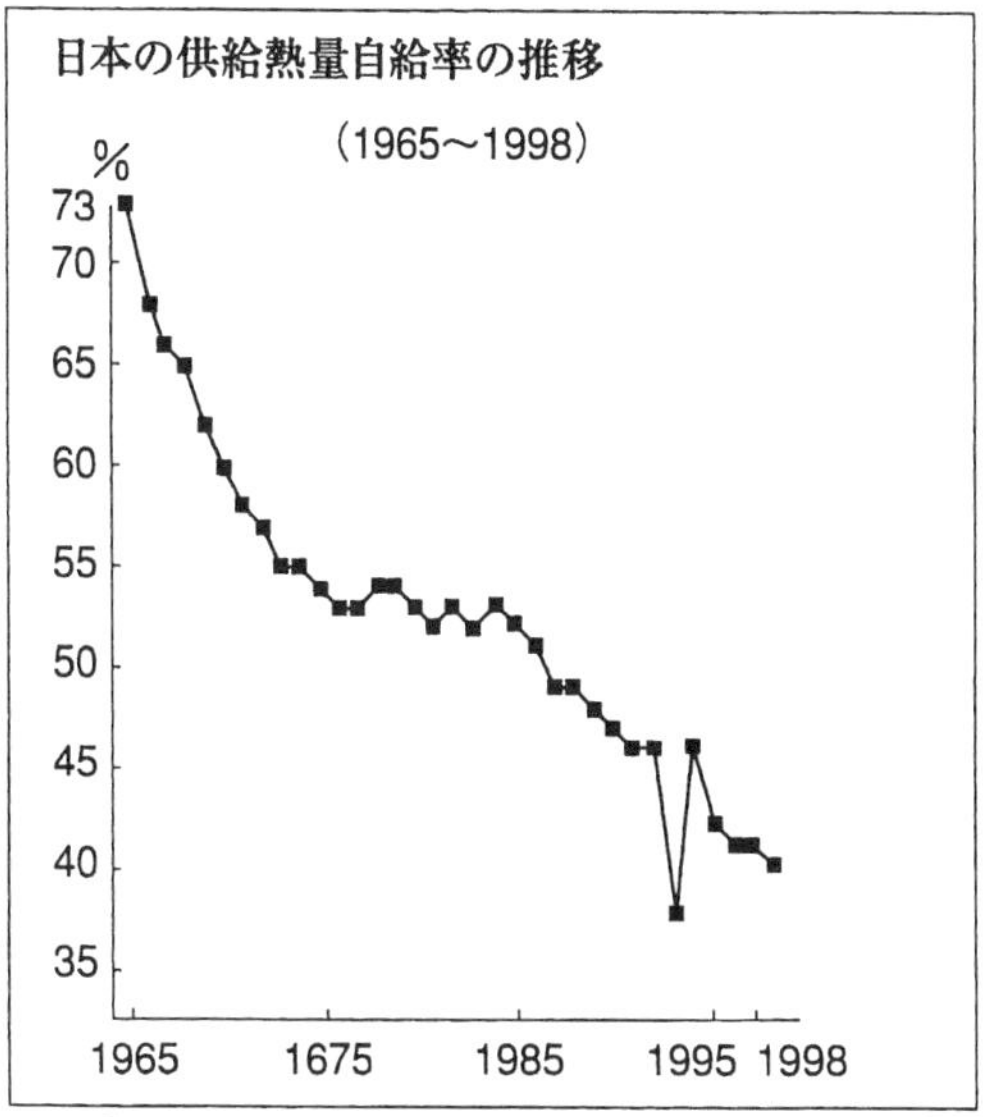

資料：「食料・農業・農村白書」（平成11年度）

餓死する者が多く出たわけではないが、昭和初期の東北大凶作はもちろん、敗戦直後の食料不足を直接知る人々も年々少なくなっていく。

飽食日本は列島の飢饉史を忘却のかなたに追いやってしまい、飢えのリアリティーがすっかり萎《な》えてしまったかのように思われる。飢饉を意味する、身の毛がよだつケカチやガシといった日常語（方言）も、若者たちには明らかに死語となってしまった。飢饉は現状分析の学の対象であるより、すっかり過去の

食用農水産物の自給率の推移

(単位:%)

		1965	1975	1985	1995	1996	1997	1998
主要農水産物の品目別自給率	米	95	110	107	103	102	99	95
	小麦	28	4	14	7	7	9	9
	豆類	25	9	8	5	5	5	5
	野菜	100	99	95	85	86	86	84
	果実	90	84	77	49	47	53	49
	鶏卵	100	97	98	96	96	96	96
	牛乳・乳製品	86	81	85	72	72	71	71
	肉類(鯨肉を除く)	90	77	81	57	55	56	55
	砂糖類	31	15	33	31	28	29	32
	魚介類	109	102	96	75	70	73	66
穀物(食用+飼育用)自給率		62	40	31	30	29	28	27
主食用穀物自給率		80	69	69	64	63	62	59
供給熱量自給率		73	54	53	43	41	41	40
金額ベース食料自給率		86	83	82	74	71	71	70

資料:農林水産省「食料需給表」

歴史学の領分となってしまった感がある。

果たして、飢饉は過去のできごとになってしまったのであろうか。

日本列島ではもはや飢饉史の終わりを宣言してよいのだろうか。

当面、経済力にまかせて今日明日の食料を心配しないで暮らせても、それが本当に確かな未来の保障があってのことかというと、少なからぬ人々が警鐘を鳴らしているように、非常に危険なところに位置している。食料の自給率が年々歯止めなく下がり続けているのをみれば、それははっきりしている。

『農業白書』によると、一九九八年度の場合、供給熱量での食料自給率が四〇%、穀物(食料・飼料)の自給率も二七%と、前年度よりさらに一%落ち込み、米の大凶作であった一九九三年度に次ぐ低さである。

これを異常とみる感覚が、「自由な市場経済」、「消費者ニーズ」といった聞《きこ》えのよい合唱のまえにかき消されてしまいそうである。この自給率の低さが意味しているのは、外国の農地・農産物に依存して私たちの食生活の大半が成り立っているということに他ならない。

アメリカの戦略的なパン食（小麦）や牛肉の宣伝・売り込み、あるいは東南アジアでのマングローブ伐採による環境破壊が指摘される養殖エビの輸入はよく知られているが、最近では大手スーパーに行けば外国産地名の生鮮野菜が売場に多種類並ぶようになった。中国産のニンニク・シイタケ、韓国・オランダ産の真っ赤なピーマン、アメリカ産のアスパラガス、南米産のカボチャなどである。国内産キャベツが品薄とあらば、すぐさま外国から買い付けてくるという対応の素早さは、ありがたさの度を超えて何か薄気味の悪ささえ感じる。

日本列島全体が都市国家化ないし商工国家化し、一方的な食料消費型社会にこのまま突き進んでいってよいものだろうか。食料は生産地から消費地に流れるものであり、都市には各地から運ばれてきたさまざまな食材が満ちあふれているのが日常の光景である。

歴史的にいえば、飢饉は、藤田弘夫が『都市の論理』で指摘していたように、政治の力、経済の力という都市の論理が働いて、都市より、農村において激しく現象してきたという側面がある。

江戸時代の飢饉も例外ではなかった。とすれば、自給率が低くても経済力がしっかりしていれば都市型社会は飢えないなどと、しかもそのしわ寄せが世界のどこかで飢餓を作りだしていることに無頓着で、独りよがりに安閑としていてよいものだろうか。

アメリカへの食料依存

しかし、そうではあるまい。異常気象とか戦争とか人口の増大とかによって、外国からの食料補給が断たれたとき、食料の欠乏と価格急騰により、中産階級以下の人々の飢えたる屍《しかばね》を列島中にさらしかねない危険がないとはいえない。

崩壊は予告なしに突然やってくるのではないか。いたずらに恐怖感を煽《あお》るつもりはないが、私たちがたまたま飽食でいられるのは、運命のいたずら、僥倖《ぎようこう》にすぎないのかもしれない。

とくに小麦、大豆、トウモロコシといった主要穀物がアメリカ一国に大きく依存しているのは、日本が軍事的のみならず胃袋の中身までアメリカ一辺倒、従属体質になってしまっていることを物語っている。アメリカの遺伝子組み替え大豆が、人体への影響が論争中にもかかわらず、知らず知らずのうちに日本国内に流通しはじめている。コメの自由化・輸入がなし崩し的に進めば、「米国」アメリカは日本にとって文字どおり米の国になってしまいかねない。

若い人たちには日本人が農耕民族であるという意識は希薄になってしまった。戦後史のなかで事あるごとに民族ナショナリズムが声高に語られたが、それとは逆に対米従属の深みにはまり瑞穂《みずほ》の国の再建プランを持てていない国の現実をみると、当然の成り行きかもしれない。

米一元論というのではなくて、畑作物を含め日本の農業がこれ以上衰弱するのを防ぎ、再生と自給

日本の食料供給に必要な作付面積の推移（試算）

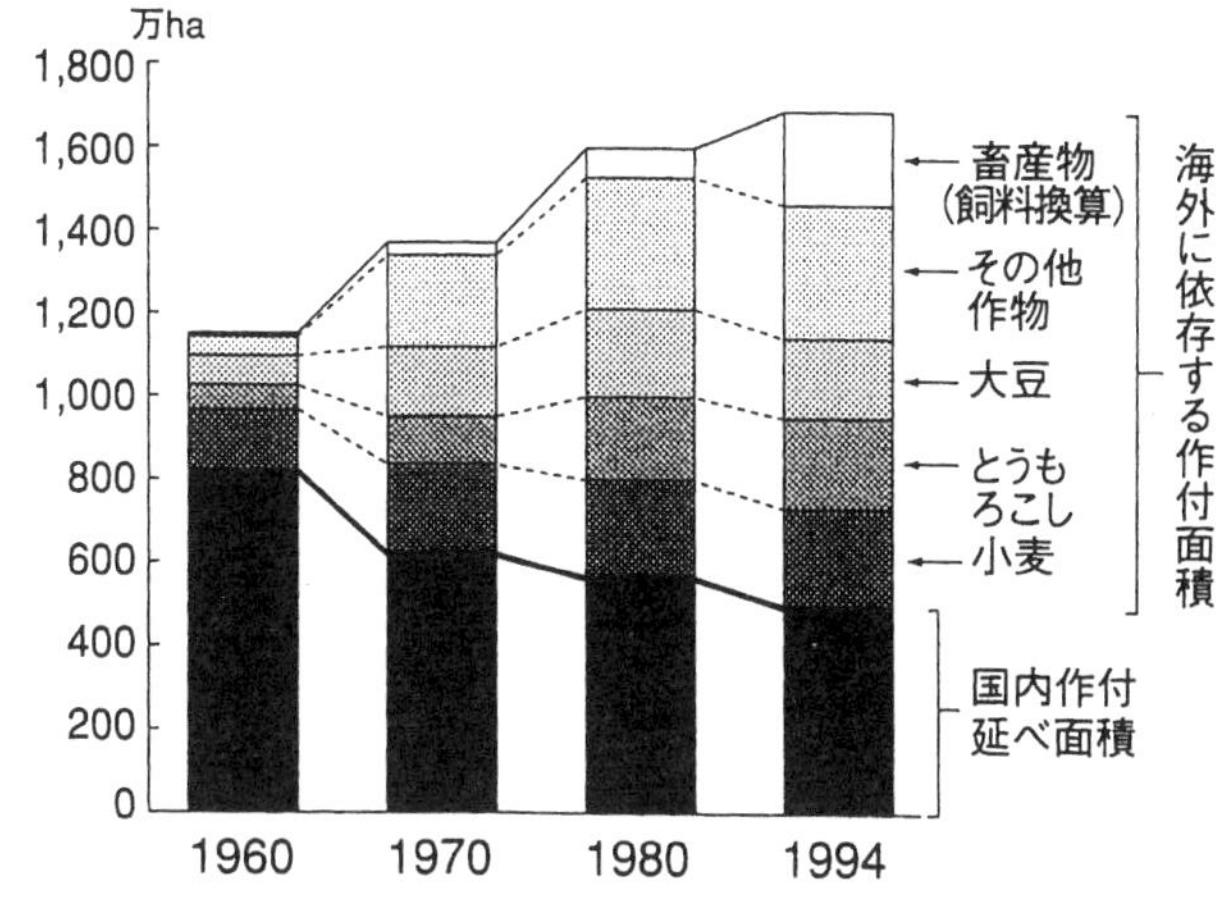

資料：「農業白書」（平成8年度）

率の向上を図らなくてはならない。そのためには食料の危機管理論（安保論）というだけでなく、農業という営み、なりわいに再び人々の関心や生きがいが注がれていくような価値意識の転換、文化革命が欠かせないように思われる。

今日、日本という国に最も極端に現れているように、食料需給は国境を越えている。農産物を輸出したい国があり、いくらかでも値段の安いところから買ってきて安く売るのは、消費者のニーズに応《こた》える合理的な経済活動であって、なぜ悪い、という反応がすぐに返ってきそうだ。

都市生活者は消費者の利益という言葉に惑わされ、生産者のことが見えにくくなっている。生産地が外国であればなおさらである。

農産物を売っている国の人々がそれによって生活の豊かさを本当に享受できているのか、環境を乱したり壊したりするようなかたちでの生産をその人々に強いていないのか、金任せの食料の大量買い付けがどこかで飢餓をつくりだしているのではないか、といったことにどれほど目が向いているのだろうか。

世界には飢えた人々が何億人と存在し、環境破壊が進んでいるのが現実である。国際化の時代というのは、そうしたことに想像力を働かせていくのが最低限の知的営みというものであろう。人災を生み出さないために、とくに政治家や経済人の責任、モラルが問われなくてはならない。

飢饉記録を読み直す

本書は、このような現代の世界化した日本の食料問題を念頭におきながら、かつて日本人が体験した飢饉現象の読み直しを意図している。

日本の歴史上、大量の餓死者を発生させた江戸時代の飢饉を主に取り上げることになるが、飢饉に直面した人々が飢えをどのように凌《しの》ごうとしたのか、あるいは凌げなかったのか、まずは飢饉のリアリティーを復元し、飢えるというのはどういうことなのかの感覚を呼び起こさなくてはならない。

人々が飢えに襲われたとき、どんな行動を取ったのであろうか。

山に入って蕨《わらび》や葛《くず》の根を掘る者、身売りされる者、流民となり行き倒れて死ぬ者、親子で無理心中を図る者、盗みをして捕まり殺される者、種籾《たねもみ》を抱えたまま死んでいった者、牛馬はては人肉すら口にする者、疫病に罹《かか》って死んでいく者などなど、強いられたさまざまな生き死にが、この日本列島にかつて存在した。

そうした一人ひとりの意識のひだに入り込んで、飢饉の犠牲者の悲痛な声に耳を傾けてみよう。江戸時代の飢饉は、グローバル化した現代の農業・食料問題を考えるさいに役立つのだろうか、という疑問が当然ながら出てこよう。さきほどの都市国家日本と食料輸出国とのたとえでいうならば、江戸時代の飢饉発生のメカニズムもまた、都市と農村との関係、全国市場と地域との関係のなかに存在していた。

天災とか、領主による悪辣《あくらつ》な農民搾取とかいった単純な原因だけで飢饉になっていたと考えるのは誤解である。決してそうではなかった。

鎖国制にみられるような日本国というくくりや縛りのあったのを否定できないが、藩というものをひとつの国家に見立てれば、列島社会には国家の境を超えた商人資本の活動があり、物流があった。現代世界の飢餓・食料問題の構造のミニマムなかたちが、江戸時代の列島の経済社会にはすでに存在しており、それが大規模飢饉を生み出す構造となっていた。

近現代になり、そうした構造が朝鮮や台湾、さらには東南アジアへ持ち出され拡大していったと、日本史の展開からは考えられるのである。現代の世界の飢餓と江戸時代の日本列島の飢饉とには、百数十年以上の隔たりがあるが、今なお通底するものがある、というのが年来の私の考え方である。

教訓の歴史というと、何か古めかしい物言いであるが、江戸時代の飢饉が私たちに語りかけ問いかけていることは決して少なくないはずである。

江戸時代には少なからぬ飢饉記録が書かれた。飢饉記録ではなくても、ふだんの日記に非常のできごとを書きつらねた。飢人救済や備荒対策、あるいは復興のために作成された古文書類まで含めると厖大《ぼうだい》な史料が残されている。それだけ飢饉対策に人々がエネルギーを注いできたことになる。

飢饉で餓死者が多く出た地域には、無縁となった人たちの餓死供養塔がある。そのなかには詳しく警鐘の碑文を刻むものがある。さらに、凶作・飢饉にかかわる民俗資料が存在する。雨乞い・虫送りや救荒食などについての伝承は記述され、蕨粉をとるための道具など生活用具が残されている。郷土史、民俗誌、自治体史の類《たぐい》をひもとけばどこでも必ずや凶作や飢饉の歴史があったことに気づかされるだろう。

かつては生々しく飢饉生活、飢饉伝承を語る古老のひとりやふたりは村にいたものだが、今はおおかた記録された文字の世界となってしまった。それらの凶作・飢饉が残した厖大な史資料を使いこなすことは不可能であるが、目に触れたそのいくつかを現代の視点で読み直しながら、飢饉の語り部の役割を歴史学の務めと心得て、ささやかながら代行してみたい。

第一章　日本列島の飢饉史

一　農業社会と飢饉

文献初出の飢饉

日本列島の歴史のなかで、文献に記録をとどめた凶作・飢饉は、飢饉関係の編年史料として現在でも便利な西村真琴・吉川一郎編『日本凶荒史考』によれば、古代から江戸時代までに三七〇件ほどが目次として立項されている。約三年に一度の割合である。

被害の大小や数え方にもよるが、数年に一度、あるいは毎年のように日本列島のどこかで被災していたといっても過言ではあるまい。災害・飢饉列島日本なのであった。

『日本書紀《にほんしょき》』仁徳《にんとく》天皇四年（五世紀前半）の記事が飢饉を記した最初であろうか。天皇が高台に登って遠くを望むと、家々から炊事のけぶりが立っていなかった。即位してから三年もの間、五穀が実らず百姓が窮乏していたためであった。以後、三年間にわたり課役を免除してやったところ、天候にめぐまれ五穀豊穣《ごこくほうじょう》となり、百姓の暮らしが豊かになった、という話である。

むろん史実とはいいがたく、聖帝としての、徳にすぐれた天皇像を描き出すための儒教的潤色であろうが、災害・飢饉から人々を救うべき存在としての王権が語られているわけである。

また、『日本書紀』欽明《きんめい》天皇二八年（五六七）には、郡国が大水によって飢え、人相食《あいくら》うという人肉食が語られていた。近隣の郡の穀（稲）を運んで救済したという。これも中国の『漢書《かんじょ》』に出典があるそうで、そのままには信用できない。

佐藤武敏編『中国災害史年表』によると、中国の文献には人肉食の記述は珍しくないが、人肉食が日本の史書に初めて書かれたことの、後世に与えた影響は少なくないはずである。大きな飢饉にはいつも人肉食の言説がつきまとってきた。

史実としての信憑性《しんぴょうせい》があるのは、『日本書紀』推古《すいこ》天皇三一年（六二三）の春から秋にかけて、霖《りん》雨《う》（長雨）・大水により五穀登《みの》らずという記事、同三四年の三月から七月にかけて、霖雨により天下大飢という記事、あたりからであろうか。後者の記事では、飢えた老人たちが、草の根を食らって道のほとりに死に、幼い者は乳を吸ったまま母子ともに死に、盗みが横行して止《や》まなかったと伝える。

『日本書紀』やそれに続く『続日本紀《しょくにほんぎ》』には、その後たびたび凶作・飢饉が記録され、国家による課役免除、賑給《しんごう》の記事が出てくることになる。五穀登らず、あるいは年穀稔《みの》らずというのは、古代国家が稲を中心とする農業社会を存立基盤としていたことを意味するが、農業以前の採集狩猟社会とは飢饉の現れ方が相当に違ってきていたはずである。

採集狩猟時代の食料

青森県の三内丸山《さんないまるやま》遺跡の発掘などによって、縄文時代の列島住民の暮らしがかなり具体的にわかってきて、食べ物や文化の豊かさが語られるようになった。

ナウマンゾウやオオツノジカといった大形獣を食べていた狩猟中心の旧石器時代と比べると、縄文人の食料の特徴は、イノシシ・シカ・クマ・ノウサギ・ヤマドリ・キジなど狩猟による肉食だけではなく、植物資源への依存度を相当に高めていったことである（小山修三「狩猟採集時代の生活と心性」『岩波講座日本通史』2）。蕨・葛の根から澱粉《でんぷん》を採ったり、トチ・ナラ・ブナ・シイ・カシ・クリ・クルミといった堅果類（木の実）を主食として積極的に利用した。出土した炭化物の形状から縄文クッキーの名づけも生まれ、トチ・ドングリの採取量や食事量が試算されている（松山利夫『木の実』）。

日本列島の植物相は、中部地方以東（東日本）の落葉広葉樹林地帯（ナラ・ブナ）と近畿地方以西（西日本）の照葉樹林地帯（カシ・シイ）に区分される。資源量としては、ナラ（ドングリ）・トチの豊富な東日本のほうが西日本より優位であったとされる。

渋（タンニン）を多く含むナラやトチはアク抜きをしなければ食べられず、水さらしや加熱処理を必要とした。有毒なサポニンを含有するトチの場合にはとくに処理が面倒で、食べられるまでに一カ月近くもの日数がかかった。縄文人はそうしたアク抜きの可食技術を獲得していたと考えられている。

縄文時代の列島人口は東日本のほうが西日本より多かったとされる。それはトチ・ドングリばかり

植生の水平分布

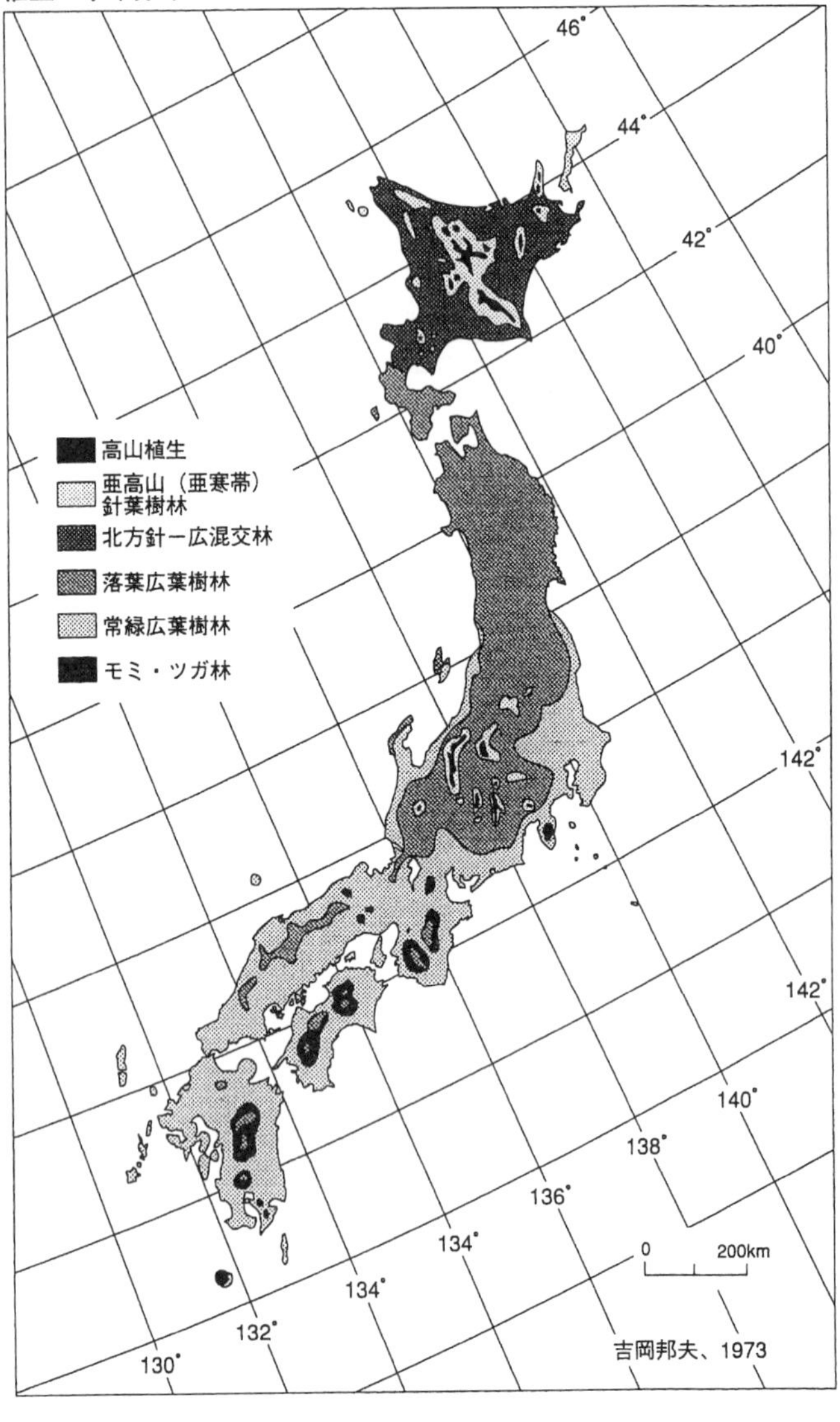

46°
44°
42°
40°
高山植生
亜高山（亜寒帯）針葉樹林
北方針ー広混交林
落葉広葉樹林
常緑広葉樹林
モミ・ツガ林
142°
142°
140°
138°
136°
134°
134°
132°
130°
0 200km
吉岡邦夫、1973

でなく、河川に大量に遡上《そじょう》してくるサケ・マスの資源利用も大きかったに違いない。東北や北海道の縄文遺跡からは意外にサケ・マスの遺物が出てこないと指摘されるが、サケ・マスが骨や頭まで余すところなく食べられていたと理解すべきようである。

縄文人はその他の魚貝類や海草も食べていた。また、ソバ・エゴマ・ヒョウタン・ニワトコ・クリなど栽培植物を持っていたことが確実視されるようになってきている。アワ・ヒエ・キビ・オオムギといった主要雑穀の出土例もみられる。イヌの家畜化はもちろん、一部の地域ではイノシシの飼育の可能性が指摘される。採集・漁労・狩猟を主としながら栽培や飼育にも手を出し始めている縄文人の食料は幅広く多種多様であった（小林達雄『縄文人の世界』）。

これを豊かな食文化というべきかは価値判断の問題であろうが、列島人口の少なかった縄文時代には自然資源を取り尽くすほどのことはなかったと思われるので、食料が不足して餓死するなどというのはかなり想像しにくい。実際にはどうであったのだろうか。

縄文遺跡から貯蔵穴が発見されている例は少なくない。ドングリやクリが蓄えられた状態での貯蔵穴の発掘例もある。貯蔵穴の存在は冬を越すための食料の確保がそれほど容易ではなかったことを示している。木の実も天候不順の年には採取できる量は当然減少する。毎年安定的に採集できるという保障はないのである。

堅果類だけでは不足するからサケ・マスを乾燥させたり燻製《くんせい》にして冬越しの食料としたのであろう。

縄文人の食料が山野河海《さんやかかい》の多種多様な資源利用に及んだのは、美食のためのグルメからは程遠く、飢えないための食料戦略であったと理解すべきである。

しかし、採集狩猟社会では再生産可能な人口数は自然の食料資源量に大きく制約を受けていたから、資源量をかなり超過して同一エリア内で人口が増えることはありえない。繁殖は絶滅への道でもある。

結果的にいえば、縄文時代に飢えて餓死するような飢饉状態は、よほどの自然環境の激変がないかぎり、ほとんどなかったのではないか。日本列島が農耕社会に移ってからでも、トチ・ドングリなど木の実を食文化のなかに摂取してきた山村が、商品貨幣経済のなかに呑《の》み込まれてしまう以前という限定づきであるが、稲作農民に比べて飢饉になりにくかったことも容易に想像できる。米食習慣からは、木の実食や雑穀食を貧乏のあかしのようにみなす感覚がひろまったが、救荒戦略からみれば山村の方がむしろ適応性、融通性があったのである。

農耕社会といえども、飢饉時には非常の食料を山野河海に求めざるをえない歴史が近代まで続いた。そのことは折に触れて述べていくことになるが、縄文時代に獲得された資源利用の技術は、現在知られる民俗事例と比較してもそれほど遜色《そんしょく》ないといわれる。

一九六〇年代以降急激かつ構造的な社会変化を体験した現代日本はそうした知恵をどんどん置き去りにしてきたが、縄文の食物文化は農耕社会となっても補助食ないし救荒食の役割を受け持ち、記憶・伝承され続けてきたという長い歴史を忘れてはならないのである。

水田稲作と飢饉

弥生時代になり稲作農耕が始まると、米の食料資源としての卓越さから、列島の人口が西日本を中心としてにわかに増大していく。西日本では畑作の米は縄文時代にさかのぼるといわれるが、灌漑《かんがい》技術を伴った水田稲作は水田の造成・維持管理から米の栽培・収穫に至るまで、集団による共同の作業が欠かせなかった（広瀬和雄編著『縄紋から弥生への新歴史像』）。そのため稲作全体を統率するリーダーの役割が大きくなり、共同体のなかでの首長と一般成員の格差がはっきりしてくる。

首長は共同体の人たちの委任を受け、豊作祈願など神祭りを司り、種籾《たねもみ》を管理し、凶作に備えて収穫物の一部を倉に保存した。土地の生産力が安定化し高まるにつれて、神に捧げられた剰余生産物は上納物として首長クラスの人々に独占されていく。共同体を超えた首長クラスの政治的な連携や敵対・戦争の過程を経て、やがて国家がつくられ、首長層の上に君臨する王権が誕生する。

古代国家の形成を考えるうえで、東アジア世界における外部社会との交流は重要な要素であるが、内部社会的には水田稲作がもった意味はやはり決定的であったとみるべきだろう。米の生産は採集狩猟段階とは比較にならない多くの人口を養い、階級を発生させ、剰余労働・剰余生産物を特定の人格に集中させていくことが可能だったからである。しかし、水田稲作への依存を深め、人口が増えていくと、自然災害による危険度がかえって高くなるという矛盾を抱え込んでしまうことになる。

『日本書紀』や、『続日本紀』によると、霖雨、大水、大旱、大風、蝗《いなむし》が原因となって、たびたび飢饉が襲っている。江戸時代には旱魃《かんばつ》によって村間の用水紛争が起こっても飢饉にまで至ることはほとんどないが、古代では西日本の灌漑などの生産条件が充分でなかったせいか、とくに旱魃の被害が目立っている。

律令国家が僧侶に命じて雨を祈らせたり、あるいは名山大川に使者を派遣して雨を祈らせている。夏旱害の年には、その後の早い時期の収穫を期待して晩稲・蕎麦《そば》・麦の栽培を奨励することもあった。蝗というのは後世の例から推察すれば、イナゴばかりとはいえず、むしろウンカの害が多かったとみるべきであろうか。また、飢疫とみえる例からすれば、飢饉のあとに疫病が襲って命を奪われる例の多かったことも、その後の飢饉と変わるところはない。

古代国家の賑給

律令国家の飢饉対策としてよく出てくるのは賑給の事例である。賑給（賑恤《しんじゅつ》）というのは、高齢者、鰥寡孤独《かんかこどく》（みよりのない者）、困窮者、被災者等に対して食料や衣料を支給する制度であるが、飢饉のさいには使者を派遣して賑給させた。

飢えた者を救うという面はあろうが、三月、四月の賑給事例が多いことから、飢えないで農作業が開始できるように、水田稲作の再生産維持を念頭においた春農助成という意味合いが強いように思われる。正税（大税）を無利子で貸し与えるのは賑貸《しんたい》と呼んでいた。被害の大きかった者には田租《でんそ》や調《ちょう》庸《よう》を軽減ないし免除し、稲を強制的に貸し付ける出挙《すいこ》も利子はとらないとする例があった。

義倉《ぎそう》と呼ばれる備荒貯蓄の制度も実施されている。『養老律令《ようろうりつりょう》』（七五七年施行）によると、備蓄粟《あわ》を納める戸《こ》を貧富の差により九等級に分け、それぞれ納入額が定められていた。凶年の時には義倉を開いて貧民に与えるものとされていた。粟を基準穀とし、稲・大麦・小麦・大豆・小豆で代替して納めてもよいことになっていたが、水田を支配の基本にした律令国家といえども、飢饉対策として陸田《りくでん》（畑地）の雑穀、ことに粟の有用性に着目せざるをえなかったといえよう。

賑給や義倉といった対策がどれほど農民の飢えに実効的であったのか疑っておいたほうがよいが、王権や国家というのは、凶作や飢饉から救済してくれる危機管理者として、常に民・百姓の前に立ち現れるものであることをよく物語っている。古代の律令国家であれ、近世の幕藩制国家であれ、それは同じである。

天平宝字《てんぴょうほうじ》七年（七六三）の例を初めとして、京師《けいし》（平城京）の米の値段が上がったさいに、左京右京の穀（籾）を東西市に安く売り払い、価格を平準化させる政策が取られるようになる。常平倉《じょうへいそう》というのがこれにあたる。市の周辺に乞食者《こつじきしゃ》が集まっていると書かれるようになるのもこの頃からであった。乞食というのは、平城京の住民であろうか。凶作により平城京に入ってくる米が不足し、高騰を招いたものであろう。都市問題として飢人対策が浮上し始めたことを意味している。

平安時代になると、京都の飢人対策がぜんクローズアップされてくる。弘仁《こうにん》三年（八一二）六月、京中の米が騰貴《とうき》し、官倉米を安く貧民に売り払っているし、同一四年にも同様一〇〇〇石を売却しているのが知られる。承和《じょうわ》一四年（八四七）、貞観《じょうがん》四年（八六二）、元慶《がんぎょう》三年（八七九）など京中の賑給事例は多い。天慶《てんぎょう》五年（九四二）や保延《ほうえん》元年（一一三五）などは、餓死の輩《ともがら》が街に満ちたとか、飢餓者が道路に充満したとか記され、筆致のオーバーさを控え目にみても、賑給米が不足するなど非常な事態であったようだ。

これらの飢人はまだ外部からの流入者というよりは、都市京都の人々が主であったものと思われる。大同《だいどう》元年（八〇六）、左京右京・山崎津《やまざきのつ》・難波津《なにわのつ》に使者を派遣して、酒家の甕《かめ》を封じたという記事が『日本紀略《にほんきりやく》』に出てくるが、江戸時代にたびたび出された酒造禁令のさきがけをなす事例とみることができようか。

中世社会の飢饉

鎌倉・室町時代の飢饉として代表的なのは、治承《じしょう》・養和《ようわ》の飢饉（一一八〇～八二）、寛喜《かんぎ》の飢饉（一二三〇～三二）、正嘉《しょうか》・正元《しょうげん》の飢饉（一二五七～五九）、応永《おうえい》の飢饉（一四二〇～二一）、寛正《かんしょう》の飢饉（一四六〇～六一）、天文《てんぶん》の飢饉（一五三九～四〇）などといったところであろう。その多くは「人相食」が記された飢饉である。凶作の原因としては、治承・養和および応永が旱害、寛喜、正嘉・正元および寛正が冷害、天文が大洪水・虫害であった。

近年の中世史研究は気候変動が農業生産や社会に与えた影響を重視しはじめている。寒冷化が農業生産を停滞化させ、温暖化が新田開発を活発化させると単純に考えがちであるが、かえって温暖化が旱害を受けやすくし農業を停滞させるという側面もあったようだ（西谷地晴美「中世前期の温暖化と慢性的農業危機」『民衆史研究』五五）。南北に長い弧状列島であるから影響の地域性を考えなくてはなるまい。

耐旱性がメリットといわれる「大唐米《だいとうまい》」（インディカ系赤米）が西日本中心に導入されたのもこうした温暖化と関わっていたのであろう。気候変動や自然環境を組み込んだ列島史像を豊かにしていくことが、今後の歴史学の大きな課題となってきている。

鴨長明《かものちようめい》の『方丈記《ほうじようき》』は飢饉の記録としても重要である。源平《げんぺい》合戦の争乱のさなか、養和元年（一一八一）から翌年にかけての飢渇について、長明は、春夏のひでり、秋の大風・洪水で五穀がことごとくだめになり、このため国々の民が「或は地をすてて境をいで、或は家を忘れて山にすむ」と、記していた。

いっぽう、京都の町については、築地《ついじ》のかたわらや道のほとりに飢え死にする乞食が多く、仁和寺《にんなじ》の隆暁《りゆうぎよう》法印が死者の額に梵字《ぼんじ》の阿字《あじ》を書いてやり、人数を数えたら京中で四万二三〇〇余もあったと記す。

餓死の数をそのままに信じることはできないが、自分の家を壊して薪《たきぎ》として市に売る者がいたし、母の命が尽きたのを知らずに乳を吸いつづける幼子の描写は哀れである。京のこうした惨状は、「京のならひ、なにわざにつけても、みな、もとは田舎をこそ頼める」、すなわち地方から上納される年貢・公事《くじ》が京都に入ってこないがために引き起こされた事態であった。食料補給を断たれた都市の飢饉は悲惨である。養和の飢饉の場合も、人口が集住しているために疫病が蔓延《まんえん》しやすく、死臭がたち込めるのであった。

飢饉を生き延びる

中世の米を作る農民たちにとり、飢饉を乗り切るうえで冬作麦がもった意味は非常に大きかったと指摘されている（木村茂光『ハタケと日本人』）。稲を収穫したあとの乾田の裏作として、あるいは畑作の雑穀として作付けされる冬麦作が、翌年の初夏の頃収穫されるので、食料が年間のなかで最も不足がちになる端境期《はざかいき》の農民の飢えを救ってきたというのである。稲作を補完する畑作への着目として重要である。ただ冬作麦の収穫まで待っていられない飢饉はいくらでもあったはずであり、畑作の雑穀といえども凶作からいつも免れうるものでない。

鴨長明が述べるように、飢饉ともなれば、土地を捨て、山に住むと記された農民がたくさん発生したのが現実である。正嘉三年（一二五九）の諸国飢饉という状況にあって、鎌倉幕府は二月に次のような法令を出した。

今、遠近《おちこち》の「侘傺《たてい》の輩」（窮民）が山野に入り薯蕷《しょよ》（山芋）・野老《ところ》を採ったり、あるいは江海《こうかい》に臨んで魚鱗や海藻を求めて、何とか活計を支えている。これを在所の地頭《じとう》（領主）たちが禁止して「山野江海」に立ち入らせないようにしている。地頭たちはすぐにそうした措置をやめて、「浪人」たちの身命を助けよ、といった内容である。

飢えて流民化した鎌倉時代の稲作農民が自力で助かる最後のよりどころは、山野河海しかなかったことを示している。地頭によって排他的に囲い込まれつつあっても、非常時の山野河海は人々皆のものであった。水田稲作を中心とするようになっても、不安定な生産力のもとでは山野河海への寄りかかりは欠かせなかったはずである。しかし、縄文時代をはるかに上回る人口が飢饉に襲われたとき、当然ながら山野河海の恵みがそれをまかないきれたとは思われない。

餓死に直面した中世農民たちのもうひとつの生き延びる道は、自由の身ではなくなるが、親が子を売る、あるいは我が身を売るという方法だった。富裕な存在である家父長制的大経営に下人《げにん》（奴隷）として抱え込まれることによって、飼養され何とか命がつながるのであった。

下人たちの哀れな物語は中世には多い。公権力は人身売買の禁止をたてまえとしながらも、飢饉時には時限立法として身売りを許容する姿勢であった。鎌倉幕府ばかりでなく、江戸幕府初期にもみられた法理であった。世の中が立ち直ってからの逃亡など、主人からの脱出をめざす下人たちの闘いも必死だった。

こうした飢饉奴隷化にも、近年の中世史研究は生命維持の習俗として、熱いまなざしを向けはじめている（藤木久志「生命維持の習俗三題」『遥かなる中世』一四）。

荘民たちによる盗人殺しも中世農村の飢饉のきびしさを物語っていた。文亀《ぶんき》四年（一五〇四）二月、和泉国《いずみのくに》日根荘《ひねのしょう》という九条家の荘園で、百姓たちが命をつなぐために懸命に掘った蕨根《わらびね》の粉が連夜、何者かに盗まれた。見張りをして、ある夜ついに犯人を突き止め、犯人の巫女《みこ》とその子供二人を皆で殺害してしまったという、おぞましい出来事であった（『政基公旅引付《まさもとこうたびひきつけ》』）。飢饉に追い詰められた人々の過剰な防衛・反撃であったというほかない。江戸時代においても、飢饉下では後述のように、村による盗人制裁は極刑をきわめていた。

二　大規模飢饉の時代

都市に流入する飢人《きにん》

室町時代の飢饉になると、それまでとは違う社会現象が目立ってくる。『看聞日記《かんもんにっき》』の応永二八年（一四二一）二月の記事によると、去年の炎旱がもたらした飢饉のため、諸国の「貧人」が上洛して、乞食が充満し、餓死者の数知れず、路頭に臥《ふ》せっている状態であったという。

貧人上洛、すなわち飢えたたくさんの人々が外部から京都の町に乞食化してなだれ込んできたところが、それまでの飢饉とは一線を画すと指摘されている（東島誠「前近代京都における公共負担構造の転換」『歴史学研究』六四九）。

寛正の飢饉のときも、寛正元年（一四六〇）三月のことであるが、東福寺《とうふくじ》の僧太極《たいぎょく》が京都六条町で、河内《かわち》国からの流民である女性が自分の子を死なせてしまったのに出会っている（『碧山日録《へきざんにちろく》』）。元年から翌二年にかけて、世上非人乞食多しと記された飢人の群れは、諸国からの流入者たちが主であったと考えられている（西尾和美「室町中期京都における飢饉と民衆」『日本史研究』二七五）。京都への食料供給がさまざまな理由によって途絶して起こる都市内部の住民の飢饉に加えて、外部から大量に流入してきた飢人の扱いが社会問題化してきたのである。

江戸時代の飢饉では、飢えた農民たちは山野河海に非常食を求める者もむろんいたが、城下町や三都（江戸・大坂・京都の総称）といった都市部へ向かうのがいわば常道であった。江戸時代の飢人の動きにつながる転換がこの頃、一五世紀に起こっていたということになろう。

京都に流入した飢民はどのように扱われたのであろうか。応永の飢饉では、公方《くぼう》（室町将軍足利義持《あしかがよしもち》）の命によって諸大名たちが五条河原に仮屋を建てて施行《せぎょう》した。天竜寺《てんりゅうじ》、相国寺《しょうこくじ》でも施行が行われた。

また、寛正の飢饉では、願阿弥《がんあみ》という勧進僧《かんじんそう》が率いる集団によって施行が実施されている。願阿弥らは将軍をはじめ武家・公家・寺院の有力者に対する勧進によって資金を調達し、六角堂の南路に流民のための小屋を建て、粥《かゆ》を施した。毎日八〇〇〇人の施粥を予想し、大鍋一五口を備えた大がかりなものであった。しかし、そこで日々五〇人から六〇人の死者が発生しており、江戸時代の施行小屋と変わらない悲惨な光景をみせつけている。さらに、『厳助往年記《ごんじょおうねんき》』によると、天文九年（一五四〇）

の飢饉では誓願寺《せいがんじ》で施行が行われたことが知られている。

東島によると、京都では「有徳人《うとくじん》」すなわち富裕な町人による施行がみられるのは寛永《かんえい》三年（一六二六）が初見であるという。近世になると、町人が施行の主体になっていくという見通しである。ただ、享保《きょうほう》の飢饉（一七三二～三三）の例でも、青蓮院《しょうれんいん》、知恩院《ちおんいん》、円福寺《えんぷくじ》、誓願寺などが施行を活発に行っており、京都で寺院の施行がなくなるわけではなかった。盛岡藩などのように寺院の境内に施行小屋が建てられた例もある。

近世型といってよい飢民の都市流入現象のはじまりは、大局的にみれば、農村と都市をつなぐ生産と流通が拡大してきたことが背景にあり、政治都市京都が富を集積し、飢饉時になっても持ちこたえられる経済力を蓄えてきたからだといえるだろう。

室町時代にはまだ町人（町衆）が施行の表舞台には登場してきていないが、生活共同体として町が成立し、結束が強まっていく時期にあたり、少々の飢饉では内部崩壊しないだけのゆとりが生まれていたことを示している。室町時代には寺院自体も商業・金融活動に深く関与していたことを忘れてはならない。飢饉時に都市と農村を循環する飢人の群れは、まずは貨幣経済の発展した京都と周辺諸国との間に現象し、江戸時代になり幕藩体制のもとでの藩経済・三都経済の成立とともに全国化していったとみることができよう。

大規模飢饉の到来

江戸時代の主な飢饉をあげてみると、寛永の飢饉（一六四一〜四三）、元禄《げんろく》の飢饉（一六九五〜九六）、享保の飢饉（一七三二〜三三）、宝暦《ほうれき》の飢饉（一七五五〜五六）、天明《てんめい》の飢饉（一七八三〜八四）、天保《てんぽう》の飢饉（一八三三〜三九）などが、餓死者を多く出している。

ただし、飢饉には地域性があり、元禄・宝暦・天明・天保などは東北日本の被害が大きかった。享保はウンカの異常発生による西日本の虫害が凶作の原因だった。

日本の小氷期の時代区分

時代区分		年代		気候のタイプ
現代		現在〜1880		温暖
小氷期	第3小氷期（寛政・天保小氷期）	1880〜1780	1880〜1850	寒冷
			1850〜1820	非常に寒冷
			1820〜1780	寒冷
	第2小間氷期	1780〜1740		温暖
	第2小氷期（元禄・宝永小氷期）	1740〜1690	1740〜1720	寒冷
			1720〜1690	非常に寒冷
	第1小間氷期	1690〜1650		温暖
	第1小氷期（元和・寛永小氷期）	1650〜1610		非常に寒冷

資料：前島郁雄「歴史時代の気候復元」（地学雑誌93-7.1984）

享保の飢饉の後は、西日本が一部の地域を除いてひどい飢饉状態になることはあまりなかった。用水・溜池《ため》など灌漑設備が整い旱害を受けにくくなったといえるが、長期の気候変動も大いに関係していよう。寒冷型の小氷期には西日本の旱害の危険が減り、逆に東北日本が冷害型の凶作に見舞われやすくなる。いわゆるヤマセによる被害である。

近世の飢饉の大きな特徴として、一度の飢饉による餓死者の数が多くなったことをあげてよいだろう。大規模飢饉を何度か経験した東北地方では、ひとつの藩で数万人、あるいは一〇万人を超える餓死・疫死者を出した。天明の飢饉では少なくとも三〇万人を下らない犠牲者が出たものと推定される（拙著『近世の飢饉』）。

中世の京都でも、養和の飢饉で四万二三〇〇人余（『方丈記』）、寛正の飢饉で八万二〇〇〇人余（『碧山日録』）が飢疫で死亡したという数字がある。これは仏教における無数のという意の八万四〇〇〇をもとに数え上げられたもので、実際の餓死者をさすものではないという（西尾和美「飢疫の死者を数えるということ」『日本史研究』三八八）。

そうであるとしても、前述のように、寛正の飢饉のさいの京都で、少なからぬ流民が日々施行小屋で落命していったのは信用してよい。また、領主による年貢・公事の取り立てのきびしさ、農業生産力の脆弱性《ぜいじやくせい》から冬を越すのが容易でなかったと指摘される慢性的食料不足などを念頭におけば、それ相応に農民が餓死したのであろうことも打ち消しがたい。

ただし、京都の「天下飢饉」「乞食充満」という記述をもって、いかにも中世社会が農村を含めて餓死者が多かったと即断するのは慎重であるべきだろう。飢饉には疫病がつきものだが、都市空間は人口が集積しているぶん疫病が流行しやすかった。京都に流入しはじめた飢人がそうした伝染病の標的になった。江戸時代でも施行小屋に収容された者たちが次々疫病で死んでいったのは珍しい現象ではない。飢民が都市に向かい始めるようになって、飢疫による死者が増大したとみるのがむしろ妥当なのではないか。

領主が施行小屋で窮民を救う。『救荒孫之杖』（国立国会図書館蔵）

当然、その背景には、飢饉の発生する構造がいっそう経済社会的になったことをあげねばなるまい。元禄の飢饉以後の東北地方の飢饉に端的に現れているが、市場経済の進展のまえに、領主も農民たちも飢饉に対してあまりにも無防備になりすぎてしまった、という側面をみないわけにはいかない。第二章以下で詳しくみていくように、市場経済の陥穽《かんせい》がいわば近世の大規模飢饉であったのである。

近世社会のしくみ

徳川将軍を頂点とする幕藩領主階級にとって、寛永の飢饉は最初の大きな試練であった。それを乗り切るなかで確立した都市と農村の明確な分離と、小農の維持を基本とする農政は、その後の歴史展開の枠組みとなった。そのもとで都市に流入した飢えた農民たちは一時施行小屋に保護されたのち、農村に返されるのが原則となった。これを一般に人返しと呼んでいる。飢饉で発生する流民を江戸時代の史料は「乞食・非人」と表現することが多かったが、三都であれ城下町であれ、流入してくる飢人を取り締まるための類似のしくみが全国どこでもつくられていたのは、近世の非人研究が明らかにしてくれている。

アイヌ交易で成り立つ松前藩のような例外もあるが、領主財政の主な収入源はむろん農民からの年貢米であった。単純化していえば、大消費都市である大坂や江戸に年貢米を回漕《かいそう》して換金し、それが江戸での生活や参勤交代の費用をはじめとする大名財政を支えていた。三都のほかにも城下町、港湾都市、鉱山町など消費都市が各地に成立しており、農村はその食料供給地として位置づけられていた。したがって、近世社会というのは、都市と農村の分離のうえに、権力と資本が集中した消費都市を食料生産地たる農村社会が支えるかたちで編成されていたとみることができる。農村にとって都市が必要であったというより、都市の論理に農村が従属させられていたのが幕藩制社会のシステムであったのである。

大規模飢饉に見舞われた近世社会が、その経験を踏まえて社倉・義倉などと呼んだ備荒貯蓄を本格的に開始するのは一八世紀末の、いわゆる寛政《かんせい》の改革以降のことである。領主主導という側面はむろんあったが、村や町を取り込んで実施されたのが特徴といえる。封建社会とはいえ、近代につながるような公共的な社会政策が打ち出されてきたのが新たな時代的特徴だったのである。これにより、だいぶ飢饉に打たれ強くなっていったのは確かである。

江戸時代の農民生活を自給自足のすがたとして捉えるのは正しくない。とくに近世半ばともなると、農村社会に深く浸透してきた商品貨幣経済によって農民の間の貧富の差が激しくなる。没落する農民が出てきたり、耕作放棄される農地が生じ、農村荒廃現象が目立ってくる。その一方で、織物や醸造業など農村工業の発展によって人口吸引力をもつ在町《ざいまち》も形成された。

そうなると、凶作、飢饉のとき都市部に流入した人々を農村に強制的に戻そうとしても効き目がなくなり、人返しが機能しなくなっていく。とくに天保の飢饉ではその傾向がはっきり出ていた。近世前期に確立した経済システムがゆきづまり、幕藩体制は崩壊への道を歩んでいくことになる。

三　近代の凶作と食料問題

東北大凶作

明治維新後の近代になると、江戸時代のように一度の飢饉でたくさんの人々が餓死することはみられなくなった。近代でも、明治三五年（一九〇二）、明治三八年（一九〇五）、大正二年（一九一三）、昭和六年（一九三一）、昭和九年（一九三四）などのように、東北地方が大凶作に見舞われた年は何度かあり、天明や天保以来の、などと騒がれ、深刻な社会問題となった。

近代の東北や北海道につきまとう凶作のイメージは暗く陰鬱《いんうつ》なものがあり、そのために餓死する者たちの多かったことをつい想像しがちであるが、事実はそうではない。

幕藩体制のもとでは、藩単位に飢饉対策が取られ、どこの藩でも大凶作になると穀留《こくどめ》といって、穀物が領外に出ていくのを禁止した。幕府も飢饉藩の救済にあたるというより、江戸や大坂などの直轄都市の食料確保を優先させていた。さらに江戸時代の穀物輸送が回船であったことも、東北地方では冬期の輸送を困難にしていた。このため、列島全体では飢えを凌《しの》げる穀物量があったとしても偏在し、地域によっては極端な穀物欠乏状況が生まれたのである。

中央集権国家の成立や、鉄道輸送の開始がこの点を打破したし、また天明・天保の飢饉後の備荒貯蓄の展開が緊急時の地域の食料確保に大きく貢献したのは間違いない。明治二年（一八六九）の凶作のときには、新政府が外国米（広東米《かんとんまい》）を輸入して凶作地に振り向けたが、外国からの緊急輸入が開国後可能になったことも付け加えておいてよいだろう。マスメディアを通しての地域を超えた義捐金《ぎえんきん》活動の役割も次第に大きくなっていく。この結果、日本の近代社会は江戸時代に比べ、はるかに飢饉に打たれ強くなったといえよう。

明治三八年は明治期最大の凶作年であったが、『明治三十八年宮城県凶荒誌』が述べる、凶作が社会に及ぼした影響を紹介しておくと、宮城県の総人口八九万九七八二人のうち、窮民人口が二八万四八六五人と数えられている。

このうち外国米を食べる者を上等とみなしても少数で、ほとんどは外国米にナラ・クヌギ・カシ・牛蒡《ごぼう》の葉・蕨の根・葛根《くず》・大根・干葉・菜・馬鈴薯《ばれいしょ》・豆腐殻《とうふがら》などを混食する状態であった。しかし、極窮民のうち乞食に出たのは、三九年一月調べで三八戸一一一人にすぎず、三九年一月から四月までの四カ月間で餓死した者は六人で、捨て子はなかったという。

江戸時代には窮民が乞食に出るのが飢饉を助かる習俗といってよかったが、その習俗はすっかり衰えてしまっている。乞食の零落といってよいほど社会的意味が変化したのである。都市民ではなく米どころの農民が外国米を食べているのは奇妙な光景に思えるが、全国から寄せられた義捐金の支給などによって、餓死を免れることができたと同書は評価している。

もちろん、社会に与えた影響は食料問題ばかりではなかった。この大凶作によって中産の農家とされている自作農民が大きな打撃を受けた。土地建物を売却したり、借金の抵当に取られる者が多く、生活の見込みがなくなると北海道への移住を企てた。

宮城県からの北海道移住者は、明治三六年（一九〇三）一〇〇四人、三七年一九〇五人、三八年五二二〇人、三九年一万三三一二人、四〇年一万六二一二人、四一年七〇六三人と推移しているが、三八年の凶作が引き金となって大挙北海道への移住に望みをかけたことになる。しかし、新天地北海道には自分の所有すべき土地はすでになく、小作人になるしかないなど厳しい生活環境が待ちかまえていた。また、宮城県に寄生地主制が確立したのも明治三五年・同三八年の凶作後のことであったと考えられている。

昭和の大凶作のときは、東北農村の疲弊《ひへい》ぶりがさかんに新聞報道された。『新聞資料東北大凶作』によると、「凶作に悩む農村から奪はれ行く娘たち」、「娘を賤業《せんぎょう》に沈めるより、紡績女工に送れ」、「細りゆく学童」、「藁餅《わらもち》を食ふ貧農」などといった見出しが紙上をにぎわし、義捐金の呼び掛けがなされていた。娘の身売り、欠食児童が大きな社会問題となり、これは飢饉にあらずとしてその背景に寄生地主制の弊害を指摘する論調もあった。

農民の身の上に起こった不幸の歴史は繰り返してはならないが、稗食《ひえしょく》や木の実など山野の恵みを食べる食習慣が、米・麦は一粒だに入らない稗飯《ひえめし》といったように、この凶作報道を通してことさらに貧乏の象徴であるかのように語られたことも見逃してはなるまい。

昭和初期の農村の窮乏は、むろん大凶作だけではなく、植民地の朝鮮や台湾から米が大量に入ってきて米価が低落し、農家経営を圧迫していた。豊作貧乏と凶作地獄の間を往来しているようなものであった。

明治三八年の凶作のときは北海道移住であったが、今度は満州《まんしゅう》（中国東北部）移民というかたちで海外にはけ口が求められた。疲弊した農村が対外侵略や軍国主義に利用された、あるいは迎合していった歴史もまた、私たちはまだきちんと総括できてはいないのである。

米の植民地依存

現在の日本は米だけは国内自給できており、米余りとか減反強制とかが問題となっているのであるが、かつては日本が米の輸入国であった近代の歴史は記憶が薄れてしまっている。戦後の食料増産政策によって一九六〇年代前半に米の国内生産がピークを迎え、ほぼ完全自給を達成した。戦後の人口増加は米増産を上回るテンポであったが、アメリカの小麦売り込みによって輸入小麦の消費量が増え、米の消費が抑制された結果でもあった。その後も日本人の米消費量が年々減少し、自給を達成するやいなや減反問題に悩まされることになってしまった。

近代の米輸入の歴史を概観しておくと、明治二年（一八六九）の凶作のさい外国米を緊急輸入したことは前述した。その後明治一〇年代は米の輸出時代が続き、同二〇年代になると輸出入ともに増えだし、明治三〇年以降完全な米の輸入国になってしまった。

日清戦争と日露戦争という二つの戦争を境にして、日本は産業革命の時代を迎え、軽工業から重工業へと次第にシフトし、日本全体の人口や都市労働者の人口が急激に増えた。米の国内生産が増えているにもかかわらず、人口急増や一人あたりの米消費の増加に追いつかなかったのである。

朝鮮からの米輸入は明治二〇年代前半からといわれるが、明治四三年（一九一〇）の韓国併合による朝鮮の植民地化を契機に、朝鮮米の流入は一気に増大した。明治四三年に約一一万石であったものが、五年後の大正四年（一九一五）には約一八七万石に急増を遂げている。同じく植民地台湾から入ってくる米もあった。昭和期になると朝鮮米・台湾米がさらに増え、昭和六年から同一〇年にかけて

米の輸位移入量と輸移出量の推移(各期間一年平均)　(単位：千石)

米穀年度＼項目	生産量	輸移入量				輸移出量
		輸入量	移入量		計	
			朝鮮	台湾		
明・31〜35	41.701	1.891	——	56	1.947	475
36〜40	43.862	4.178	——	603	4.781	307
41〜44	50.014	1.539	121	933	2.592	417
大・元〜5	53.025	1.723	954	789	3.467	536
6〜10	58.350	2.236	2.059	977	5.273	474
11〜15	57.638	3.203	4.156	1.648	9.008	948
昭・2〜5	59.389	2.102	5.879	2.377	10.359	837
6〜10	61.030	623	8.022	3.994	12.629	1.454
11〜15	65.190	1.873	6.388	4.279	12.541	648
16〜17	57.981	9.410	4.271	1.836	15.517	795

資料：「米穀要覧」(明・31〜昭・6・農林省)、「食糧管理統計年報」(昭和23年度版・食糧庁)(昭・7以降)

の年平均では朝鮮米約八〇二万石、台湾約三九九万石の流入量であった。日本での生産量は約五九一四万石であるから、その約二割に相当する量であった（北出俊昭『米政策の展開と食管法』）。

また、同じ五年間の平均で朝鮮生産量の四六・五％、台湾生産量の四八・四％もの米が日本に送られていた。そのために、朝鮮や台湾の人々の米消費量が落ち込み、とくに朝鮮南部の米作地帯では春の時期に食料不足に陥る春窮農民が多数発生し、山野に入って新芽や草根や木皮を採取して、飢えを凌いだといわれている。飢饉時の山野利用は別に日本列島に限られた現象ではなかった。朝鮮や台湾での米の生産に対して日本の消費に合うように、産米改良や日本流の米づくりが徹底して押し付けられたことも指摘されている。

こうしてみると、近代の朝鮮や台湾は、東北地方などとともに日本資本主義発展のための食料補給基地の役割を担わされてきたといってよい。安価な朝鮮米・台湾米が入ってくることによって、東北地方の米が圧迫を受け、豊作貧乏の状態にあったことはすでに述べた。その一方で朝鮮にも春窮農民が生み出されていた。

江戸時代の食料をめぐる大都市と地方農村の関係が、近代には植民地にまで拡大し、東北・北海道・朝鮮・台湾が同じ周縁構造をなし、地主制のもとで呻吟《しんぎん》する小作人たちが安い米を供給して都市の資本主義を支えていたのであった。

米騒動と食料管理

凶作時に米の値段が高騰すると、飯米を買えなくなる都市下層民が米の安売りを求めて米商人を襲うという民衆運動が発生する。これを米騒動と呼んでいる。

米騒動の歴史は江戸時代にさかのぼり、一八世紀前期の享保の飢饉頃からみられ、天明や天保の飢饉などには全国の都市部で同時多発的に発生している。江戸時代の米騒動については後述することになるが、近代に入ってからも、明治二三年（一八九〇）、明治三〇年（一八九七）、大正七年（一九一八）の三度大きな米騒動が起きている。いずれも富山県から始まったのが興味を引く。

大正七年の米騒動では、越中女一揆《えっちゅうおんないっき》とか女房一揆とか呼ばれたように、夫の出稼ぎの留守をあずかる女たちが、米の移出の差し止めを求めて海岸に集結したのがはじまりであった。明治二三年と明治三〇年の場合は凶作が米価高騰の原因で、前者は一二府県、後者は六府県に及んだ。都市の下層民や、都市周辺の貧しい農漁民が主な参加者であった。

大正七年の米騒動はそれまでの凶作型の米価高騰とは原因が異なっていた。前年が豊作であったが、第一次世界大戦による戦争景気が続くなか、ロシア革命への干渉であるシベリア出兵を予想して、米商人や地主が投機的な買い占め・売り惜しみをしたのが端境期に米価が急騰した理由であった。青森・岩手・秋田の北東北と沖縄の四県を除く各府県で相次いで騒動が発生し、八月中旬がピークとなった。警察署が襲われるなど警官隊では押さえきれなかったので、軍隊が出動し鎮圧にあたった。

戦争がらみの米価の乱高が米騒動という結果を招いてしまったのであるが、これに危機感を抱いた政府は大正一〇年に米穀法という法律を制定し、初めて本格的な米穀統制に乗り出していく。

この法律は、米穀の需給を調節するために必要性を認めたときには、政府が米穀の買い入れ、売り渡し、交換、加工、または貯蔵できるというもので、豊作（安値）のときに買い入れ、凶作（高値）のときに売却して、米価の乱高下を抑制するのをねらいとしていた。歴史的には、常平倉として知られていた流通政策の実施といってよいものである。

その後、昭和八年（一九三三）に同六年改正されていた米穀法が廃止され、米穀統制法という新しい法律に生まれ変わった。詳しい説明は省くが、需給の調節にとどまらず価格調節にも踏み出したもので、政府が最低価格の設定による買い上げ、最高価格による売り渡しを無制限に行うことができた。

さらに、昭和一七年（一九四二）食糧管理法（食管法）が制定され、供出と配給制度による米の全量政府管理となった。戦時経済という側面が強い政策であったとはいえ、国家が国民の食料の安定生産・供給に責任をもつという立法の精神はないがしろにされてよいものではない。

戦後、米をめぐる状況変化のなかで統制が次第に緩められたが、平成七年（一九九五）、米市場の開放に備えて食管法を廃止し、生産・流通に市場原理を導入した新食糧法を施行したことは記憶に新しいところである。

ふたたび米騒動の時代を繰り返すことになってはならないのだが、どれだけ確かな歯止めが用意されているのであろうか。

第二章　飢饉のなかの民衆

一　この世の地獄

菅江真澄の飢饉見聞

飢饉をめぐる語りは、飢え死に、流民化、身売り、人食いなど、パターン化し陳腐であるという意見を耳にすることがある。浅ましくおぞましい悲惨さだけを強調しても、飢饉についての理解が深まるわけではない、という批判が込められている。しかし、悲惨さ自体にもその時代特有の歴史性や社会性が刻まれているのであり、それぞれの個人や家族、地域社会を襲った悲惨な状況を直視しなくては、飢饉のリアリティーが浮かび上がってこないのも明白なことである。

菅江真澄《すがえますみ》の『楚堵賀浜風（外が浜風）』という旅日記は、津軽地方の天明《てんめい》の飢饉の様相を詳しく書いているので、たびたび引用されてきた。真澄は東北地方および北海道道南地域を遊覧し、民俗学・地方学の草分けとでも評価できる人で、客観主義的な記述態度が持ち味であった。

天明五年（一七八五）八月、秋田領から津軽地方に入って真澄が見たものは、雪が消え残っているように、白骨が草むらにたくさん乱れ散り、あるいはそれを山のように積み重ねている光景であった。転がっている髑髏《どくろ》の穴からは薄《すすき》、女郎花《おみなえし》が生え出ていて、見るここちがしなかったと、真澄は書いている。

真澄に語りかけた人は言う。これらはみんな、飢え死にした人たちの屍《しかばね》である。天明三年の冬から翌年の春にかけて、雪の中に行き倒れた者たちは数知れなかった。行き交う者のなかには死にむくろをあやまって踏んでしまうことがあり、その死臭を想像してみなさい。この飢えを助かろうとして、生き馬を捕まえては、首に綱をつけて梁《はり》につるして裂き殺したり、馬の耳に沸騰した湯をつぎいれて殺し、草の根などと煮て食った。あるいは野にかける鶏や犬をつかまえて食べた。こうした食べ物が尽きると、飢えに疲れたり、疫病にかかった自分の子供、あるいは兄弟・仲間たちを、まだ息があるのに脇差で突き殺し、胸のあたりを食い破り、飢えを凌《しの》ごうとした。人を食べた者は藩が取り抑えて処刑したというが、人の肉を食べた者の眼は狼《おおかみ》などのように光りきらめき、馬を食べた者は同様に面色が黒く、生きながらえて村々に住んでいる、と。

こんな話もしてくれた。弘前近くに離れている娘が、母の様子を知りたくて訪ねてみた。お互いの無事を喜びあったが、母親が娘におまえは肥えているので食べたらうまいだろうと戯れに言ったところ、娘は冗談とはいえ怖くなり、母が寝たあとにそっと逃げ出したという。血のつながった母娘の間柄でさえ疑心暗鬼にならざるをえなかったのである。真澄に話をしてくれた人は、羅刹《らせつ》や阿修羅《あしゅら》が住む国というのは、このような世のありさまをさしているのだと思ったといい、自分自身は運良く藁《わら》を搗《つ》いて餅《もち》としたり、葛《くず》や蕨《わらび》の根を掘って食べ、何とか命がつながったと、語っていた。

真澄は、他にも地逃げして松前に渡り助かった者のいたこと、あるいは自ら人や馬を食べたのを告白、懺悔《ざんげ》する乞食のことなどを書いている。庄内《しょうない》や秋田ではほとんど飢饉のことに触れていないのと比較すると、同じ東北でも津軽地方の天明の飢饉の疲弊度がいかに際だっていたかを物語っていた。羅刹というのは人を食う悪鬼、阿修羅というのは争いや殺し合いを専《もっぱ》らにする悪魔をさしているが、人が人を殺し食べるような飢饉下の惨状は、あたかも曼陀羅《まんだら》の地獄絵がこの地上に現出したかのように受け止められたのである。

餓鬼道に堕ちる

飢饉の惨状を地獄絵のごとくにたとえたのは、真澄に語った人物だけではない。八戸《はちのへ》藩の飢饉記録である『天明卯辰簗《うたつやな》』もまた、天明の飢饉に人間界にあらざる餓鬼道、修羅道、畜生道の横行を見ていた。この文献は、民衆の鬼気迫る行動をこれでもかと書きつづった出色の飢饉書であるが、ひとつだけ話を紹介しておこう。

村に住む夫婦・子供・母の四人暮らしの家族の事例である。家主（夫）がケカチ負けといって体が腫《は》れあがり、粟《あわ》・稗《ひえ》を所持する自分の母親に五穀を食べたいと願ったが、食べさせてもらえず死んだ。母は雪隠《せっちん》や小便に行くにも袋に入れて持ち歩き、小鍋で炊いて自分だけ食べ、嫁や孫に一口さえ与えることはなかった。嫁は食べたいとなげく我が子を殺し、いかんともしがたくその死骸《しがい》を食べてしまった。母は嫁が死骸を食べたとして村役人に訴えた。村人たちは人間の所業ではないとみなし、その嫁を川に投げ込み殺してしまった。因業な母は、最後には飯料を食い尽くし、近所の子供を打ち殺そうとして村人につかまり、縊《くび》り殺されたのだという。

ここにはすさまじい村の制裁もすがたを見せているが、はたしてこれが事実であったかは本当のところは分からない。村の噂《うわさ》が物語化し、伝説と化していく、そうした事実（歴史）と物語（文学）の危うい境界に位置しているのが、『卯辰簗』の記述世界のようである。

仙台藩石巻《いしのまき》地方の天保《てんぽう》の飢饉記録『天保耗歳鑑《もうさいかがみ》』にも餓鬼道のことが出てくる。凶歳には飢病《がしやまい》と俗に言って、大食する者ははじめ体が腫れるが、後にはやせ衰え骨と皮になり、最後には何という病なくころりと死ぬ。仏法ではこうした飢病を餓鬼道というのだとし、餓鬼道に堕落することは最も恥ずかしきことだと教え諭していた。他にも餓鬼道と書いている飢饉記録は目に付く。

この世の飢饉状況を説明するのに、仏教の来世《らいせ》観の地獄絵のイメージを重ね合わせるのが、いちばん納得させやすい方法であったのである。今では地獄の存在はすっかり影をひそめてしまったが、それでも地獄に代わる言葉が発明されているわけではなく、地獄絵のような悲惨な飢饉の語りは今後も繰り返されていくだろう。

飢饉下の一年

飢饉というのは洪水や地震、津波のように直撃的に人命を奪われるのではないけれども、じわりじわりと死に追い詰められていくという点に特徴がある。飢饉は始まりから終息するまで、年をまたいでほぼ一年の長きにわたる。冷害や日照りなどで農作物が被害を受けたからといって、いつも飢饉になるわけではないが、凶作が飢饉の始まりであることはいうまでもない。

時代や地域によって飢饉下の一年のプロセスは一様でないが、近世後期の天明の飢饉や天保の飢饉の東北地方では、およそ次のような経過をたどった。

米が収穫される前の端境期《はざかいき》には一般に品薄になり米の値段が上がるのが普通である。凶作の心配が現実のものとなってくると、がぜん米価が急騰し、都市生活者を中心として米が買えなくなり、買い占め・売り惜しみをする米商人への反感が強まり、米騒動が発生しやすくなる。藩が大坂・江戸などに移出するために米の買い上げと回米を強行し続けると、その手先となった商人ともども農民たちの反発も当然招くことになる。

しかし、米騒動や一揆《いっき》が起こりうる段階というのは、まだ飢饉状態に本格的に突入しているとはいいがたい。都市民衆や農民のこうした闘いは、飢饉にならないための商人に対する社会的制裁であり、藩に対する政治的要求であった。飢饉下の強盗や放火を専らにする徒党集団とははっきりと性格が異なるのである。

いよいよ大凶作が決定的となり、前年度米や貯穀がなく、藩による充分な払米《はらいまい》や救米《すくいまい》も見込めないとなれば、農民たちの間に動揺が走る。ある者は地逃《じに》げ、他散といって村を単身または家族連れで立ち去り、米のありそうな他領や、富裕商人のいる都市をめざして流民化していく。乞食・非人と史料に出てくる人たちがそれで、物乞いによって何とか食をつなごうとするものであった。都市に流入する飢人は、都市の商人や武士階級にとって迷惑な存在であったので、彼らを収容・保護する御救小屋《おすくいごや》・施行《せぎょう》小屋が設けられたが、そこに入れられた者たちは、疫病にかかるなどして次々命を落としていくのが常であった。

村を離れる決意のつかなかった者は、山野河海の恵みに頼ろうとした。藩の留山《とめやま》であれ、飢饉時には農民に開放されなければならないものであった。山村に暮らし、ふだんから木の実や葛・蕨の根を掘るのに慣れている者ならともかく、農業に励んできた者がにわかに山野に入って救荒食を採集しようとしてもはかどらず、しかも資源量には限りがあったから、たくさんの飢えた人口を養うことはできなかった。蕨根を掘りに出かけたまま力尽きる者があり、雪が降りだすと山野に入ること自体不可能になってしまう。

生まれたての赤子は間引きといって殺害される例が凶作・飢饉時には少なくなかった。習俗的にはカエスとかモドスとかいって、人間にはまだなりきれていない神の子をあの世に送り返すという気持ちが働いていたのだという。間引きは禽獣《きんじゅう》同然の野蛮行為であると、人口増を図る領主や、道徳・

慈悲を説く儒者・僧侶からは強烈に非難された。

ただし、近年では間引きのなかに少子化を望む家族計画の意図を読み取り、貧困・飢饉だけが理由ではなかったと考えられるようになってきている。飢饉時には出産が減少するから嬰児《えいじ》殺しというよりは、二、三歳から七歳くらいまでの子供が川に捨てられ殺されるという、母子の悲劇の方が間引きより多く語られていたように思われる。

盗みが頻発するのも避けられないことであった。徒党を組んで放火し、そのすきに穀物や家畜を奪取する手荒い強盗もあったが、畑から大根を盗むといったような小盗み程度のものが多かったのであろう。富裕な農民は屈強の者を雇って盗みに備え、もし盗人を捕まえたならば、時には殺害に及ぶ私的制裁が公然化していた。盗人をカマスに入れて川に投げ入れて殺す刑罰もみられた。公権力は治安悪化のなかで村人による殺害を黙認する態度を示していたのである（拙著『飢饉の社会史』）。

餓死者が多く発生するのは厳冬期である。この時期になると、飢えたる者たちは力衰え、寒さも響いて死んでいく。飢饉の程度が激しければ激しいほどこの時期の餓死者は増加する。冬の時期を何とか持ちこたえて、春の山野草が生えてくる頃になると、少しは希望がわいてくるのであったが、飢饉の断末魔は春から夏にかけてが実はピークであった。食わずの餓死者がそれほど出なくても、梅雨の時期、栄養失調による体が弱ったところに疫病が襲うと、たちまちのうちに蔓延《まんえん》し、死者を夥《おびただ》しくしていったのである。

この時期はちょうど農繁期にもあたっていた。藩は夫食米《ふじきまい》や塩を援助して、耕作しない田畑が生じないように取り計らっても、労働力の確保がむずかしく、大凶作の次の年も年貢減少を免れなかった。前年の凶作による種籾《たねもみ》不足も深刻で、種籾が足りないときには稗を水田に植えて食料の確保につとめた。

こうしてみると、飢饉というのは凶作の翌年のほうが大変なのであって、凶作年の夏から翌夏までの一年間がおよそ飢饉状態にあった。人口の損失など地域社会のダメージが大きければ、それだけ復興にまた長期の年数がかかることになる。

それぞれの飢饉体験

飢饉状況が人々に重くのしかかってきた時、それをどのように乗り切ろうとしたのであろうか。個人個人の飢饉体験は同じ藩や地域社会のなかでも身分や階層などによってずいぶん違っていたはずである。武士階級は飢饉時には面扶持《めんぶち》といって家内人数を基準に扶持を支給する臨時措置がとられ、俸禄《ほうろく》を減らされることがあった。しかし、餓死に至るような飢えを強いられたわけではない。農村の豪農や都市の富裕商人はその財力で困窮者を救済すべき役回りにあった。飢饉の非常体験は社会的・経済的弱者に過酷、非情であったことを忘れてはならない。その意味で、飢えの苦しみを強いられた家族の一人ひとりの身の上に起こったことを、ていねいに見届けることが飢饉民衆史の観点ではとくに重要である。

ここでは、そうした事例をひとつだけ紹介しておくにとどめよう。

羽州《うしゅう》最上《もがみ》郡南山村（現山形県大蔵村）の庄屋柿崎弥左衛門が書いた『天保年中巳荒子孫伝《ねんちゅうみのあれしそんでん》』のなかに、弥左衛門が天保八年（一八三七）一〇月末、瀬見《せみ》温泉（現最上町）に入湯しに行ったおり、逗《とう》留《りゆう》中出会った十一、二歳くらいの女童のことが出てくる。瀬見温泉には仙台領や小国《おぐに》地域（現最上町）からやってきた乞食たちが集まり、夜は湯ぶねの回りで過ごし、昼は湯治客の冷飯をもらって食いつないでいた。瀬見温泉は新庄《しんじょう》藩で最もにぎわっていた温泉で、南部領や仙台領からの出羽三山参詣《でわさんざんさんけい》途次の宿屋としても栄えていた。寒さを凌《しの》げて、飢人たちが集まるに恰好《かっこう》の場所であったのであろう。たまたま一重《ひとえ》の綴《つづ》れを着た女童が弥左衛門の宿の軒下に立っていたので、彼は握り飯を与えた。女童から事情を聞くと、仙台領の中山村（現鳴子《なるこ》町）の者で、父母と兄二人の五人家族であった。前年の天保七年の大飢饉によって、まず一人の兄が死んだ。それからどこに行くかあてもなく、秋田は飯米も相応にあると聞いたので昨年八月初め、家族四人村を出て秋田領に向かった。しかし、当地でも乞食が多くて、もらいがほとんどなく、当三月に父親が死に、八月には母親が死んだ。一六歳になる兄と女童の二人が残され、やむをえず故郷に立ち帰ろうと秋田領から新庄領に入った。物乞いして歩いていると、大沢村（現真室川《まむろがわ》町）の人に、兄が「ひろい取り」になり連れて行かれ、女童だけが取り残されてしまったというのである。不憫《ふびん》に思った弥左衛門は、女童を中山村に送り届けるために尽力したのはいうまでもない。

この一家五人家族を襲った飢饉で、父母が先に死に、かろうじて子供二人を生存させることができたのは、せめてもの僥倖《ぎょうこう》であったといえようか。拾われた兄の行く末がどうなったか、帰郷した女童は家を再興できたのか、まったくわからないが、一人ひとりの飢饉体験にすり寄ってみないと、飢饉の悲劇は本当は実感できないのかもしれない。

ただ、一人ひとりのといっても、飢饉を凌ぐための方策がいろいろあるわけではなく、選択の幅がその時代性によって大きく制約されていたのは否めず、この家族も江戸時代の習俗にならって乞食の道を選ばざるをえなかった。個別性のなかに一般性が貫いているのであった。

二　餓死と疫病死

飢饉の死者

江戸時代の飢饉は、大量餓死に特徴があると前述したものの、どれくらいの人数が実際に死んでいたのか、明らかにするのは難しい。寛永《かんえい》の飢饉（一六四一〜四三）において、全国で五万人ないし一〇万人が飢え死にしたと記す文献があっても、その数字に信憑性《しんぴょうせい》があるわけではなく、たくさんの人々が飢饉で死んだという程度のことを意味しているにすぎない。

しかし、それでも元禄《げんろく》の飢饉以降になると、ある程度確からしさのあるデータも知られるようになる(拙著『近世の飢饉』)。弘前藩では、元禄八年(一六九五)から翌年にかけて七万人あるいは一〇万人が死亡し、領民の三分の一くらいが犠牲になったといわれている。盛岡藩でも五万人程度の飢饉死者であったというが、藩自体は幕府の問い合わせに対して餓死者の存在を認めていなかった。

享保《きょうほう》の飢饉は西日本がウンカの異常発生によって大凶作になり、幕府が積極的に被災地に回米して飢饉への奈落の道をある程度のところで抑えたが、幕府の支援を期待して、各藩からの被害届が幕府にもたらされた。幕府の正史『徳川実紀《とくがわじっき》』には、餓死者九六万九九〇〇人と記されているが、これは明らかに誤りで、享保一八年(一七三三)正月段階における集計の飢人人数と取り違えたものであろう。幕府が把握した餓死人数は一万二一七二人であるが、各藩は少なめに報告していると思われるので、これよりは多かったことだけは確実だろう。

宝暦《ほうれき》の飢饉(一七五五~五六)では、八戸藩は一時的な他領逃亡を含め約二万人の人口減で、飢饉で死んだ者が五、六千人程度、盛岡藩は宝暦六年(一七五六)の代官所調査で五万人近くの餓死者、仙台藩は餓死二、三万人程度、秋田藩は餓死三万二〇〇〇人くらい、米沢藩もこの時期一万人近くの人口減少をきたしていた。弘前藩では餓死者がほとんどなかったといわれるが、秋田藩や米沢藩などのように天明の飢饉以上に深刻な藩もあった。

天明の飢饉(一七八三~八四)はおそらく近世最大の飢饉死者を出していたのだと推定される。弘前藩は飢渇死亡八万人余、八戸藩餓死三万人、盛岡藩は餓死・病死六万四〇〇〇人余、仙台藩は過去帳推計によると約二〇万人、などとなっており、東北全体で三〇万人を下らない犠牲者であったとみてよいだろう。八戸藩は飢饉直前に六万人ほどであったから、人口が半減したことになり、その後同藩の人口が五万人台を回復するのに三〇年もの年月を必要とした。

一八三〇年代の天保の飢饉は、天保四年（一八三三）、同七年、同九年が大凶作の年であったが、同じ東北地方でも年によって飢饉の程度の地域差が大きく、天保四年は出羽側（秋田県・山形県）の被害がひどく、秋田藩では翌年疫病が流行して五万人余が死亡したという。餓死者も四万人とか一二万人とか語られていた。同七年・同九年は陸奥《むつ》側（青森・岩手・宮城の各県）に犠牲者が多かった。弘前藩では天保の飢饉の全期間を通して餓死者三万五〇〇〇人余、または七万四〇〇〇人余を数えたという。また、仙台藩では天保七・八年、石巻やその周辺が飢饉状態になり、牡鹿《おしか》郡だけでも六〇〇〇人が死亡したとみられていた。

東北地方以外でも、天明や天保の飢饉で犠牲者を出したところが少なくない。たとえば越後頸城《えちごくびき》郡の松之山郷では村の人口の二割程度が餓死していた（鈴木栄太郎「頸城地方の天明・天保の飢饉」『新潟県史研究』5）。また、信州埴科《はにしな》郡森村の中条唯七郎の日記によると、天保七年（一八三六）の凶作で一軒で九人の餓死者を出した家もあり、村の人口の三分の一が極難人として把握されていた（柄木田文明「〈史料紹介〉中条唯七郎と天保飢饉」『成蹊論叢』三五・三六）。

飢饉が熾烈《しれつ》をきわめた東北地方では、人口が三分の一減、あるいは半減した地域があった。廃村になった村もある。しかし、同じ藩の村・町が押しなべてそうなったわけではない。餓死者がどこに集中ないし偏在していたのか、詳しく明らかにしていく必要があり、意外に狭い地域に偏っている可能性もある。むろん、概数であれ餓死者数が多く伝えられたところでは、先にみたような地獄絵のごとき非人間模様が語られたのはいうまでもない。

疫病の流行

飢饉には疫病がつきものというのは、古代や中世の時代にも「飢疫《きえき》」という言葉が使われていたように、古くからの経験知であった。江戸時代の大飢饉でも、飢え死にそのものより、飢えた状態のところに疫病がはやって死んだ者たちのほうが多かったことは、たとえば、寺院過去帳の月別死亡者数のデータがよく示し、飢饉記録にもそのように書かれていた。すでに指摘したように、大凶作の翌年、新暦五月から七月くらいの梅雨の時期に疫死者のピークがあったのである。

奥州伊達《だて》郡伏黒《ふしぐろ》村（現福島県伊達町）の『佐藤与惣左衛門日誌』（『伊達町史資料叢書』4）によると、同地方でも天明三年（一七八三）の凶作によって乞食・非人が発生し、翌年閏《うるう》正月の厳寒期に所々で多く死んだと記されている。

しかし、このような行き倒れ死以上に惨劇だったのは、天明四年六月頃の「疫癘《えきれい》」による死亡であった。食べ物がよくない者たちは疫癘に罹《かか》ってつぎつぎ病死し、福島、瀬上《せのうえ》、桑折《こおり》、梁川《やながわ》、藤田では二割ほど、周辺村々では一割ほど人口が減少したという。

相馬藩でも四月から六月頃に疫癘がはやり、八五〇〇人余が死亡している（『天明救荒録《きゆうこうろく》』）。天明の飢饉のさいの福島県地方では、明らかに凶作年の翌年の梅雨期における疫病による死が飢饉死者の大部分を占めていたように思われる。

また、盛岡藩花巻の町医者鎌田了春《かまたりようしゆん》が書いた『天保巳申録《ししんろく》』によると、同地方の天保の飢饉のときの疫病の流行の様子はおよそ次のようであった。大凶作となった天保四年（一八三三）の一〇月頃から「傷寒《しようかん》」が流行し、翌年の秋、七月八月頃まではやって、死亡する者が多かったと述べている。また、疫病ではないが、稗糠《ひえぬか》、粉糠《こぬか》、大豆の皮、藁《わら》、松の皮などを食べて大便が止まって難儀する者も少なくなかった。飢饉時に消化の悪さから便秘となるのはよくあったようで、便秘の下し薬を調合してやるのが医者の役目として期待されていた。

天保七年のほうが同四年より強い飢饉と認識されているが、一二月のところで、この節傷寒を煩う者があちこちにみられ、病用繁多と記している。翌八年四月中旬より、町や在で傷寒を煩う者や、三日麻疹《みつかばしか》、引風邪、泄瀉《せつしや》の病人も間々みえはじめ、五月から七月にかけて時疫が大流行し、在・町に死に絶えて断絶になる家も少なくなかった。

断絶の家については、祖先の積悪の報いのように世間の人々が語っていたという。死者に鞭打《むち》つような世間の冷たい視線であった。ただし、この時疫も八月中旬になり罹る者が減少したと指摘されている。

傷寒病

傷寒というのは、飢饉時の最もポピュラーな病気であった。出羽国尾花沢《おばなざわ》地方の飢饉記録『大飢饉色々留控書』（『尾花沢代官関係史料』）にも、天保四年凶作の翌年三月から八月にかけて庄内、秋田、南部、津軽、仙台では「腸（傷）寒病」により多く死んだと記している。

富士川游『日本疾病史』によれば、江戸時代の傷寒は一般に流行《はやり》の熱病のことをさしていた。瘟疫《おんえき》というのと区別が曖昧《あいまい》であるが、傷寒にしろ瘟疫にしろ「熱性病」であり、そのなかには急性熱性伝染病、たとえば腸チフス、発疹《はっしん》チフスなどが含まれているものとする。また、史料に疫病と出てくるのは、主に傷寒および瘟疫のことであるという。傷寒すなわち腸チフスと狭くとらえることに富士川は否定的であるが、おおむね腸チフスが傷寒の主たるものであったと理解しておきたい。東北地方の民間では疫病をボウ、疫病神をボウノカミ、ボウガミなどと呼んでいるところがあるが、医学用語では傷寒に相当するものであろう。

三日麻疹というのは風疹《ふうしん》のこととされるが、仙台地方で俗に三日ボウと呼んでいるものと同じであろうか。病勢が三日ほど激しく続いておさまるところから、この名義が生まれた。また、泄瀉は下痢症状のことと思われるので、赤痢《せきり》などの痢病とみてよいだろう。

近代に入ると、凶作と疫病の関係は希薄になってくるようである。たとえば、明治三八年（一九〇五）は明治期でも最大規模の凶作年であった。『明治三十八年宮城県凶荒誌』によると、凶作病ともいうべき粗食に起因する腹部膨張症、浮腫《ふしゅ》などの患者が少数見つかっていたが、赤痢・腸チフスの患者数が明治三七年二三〇〇人、同三八年三〇四五人、同三九年一六〇六人となっている。

江戸時代の例にならえば、凶作の翌年明治三九年に伝染病が流行するはずであるが、むしろ前年の凶作年より減少しており、因果関係は認めがたい。凶作時の食料状態が救援などによって格段に改善されたことが、伝染病の発生を抑えていたといえよう。昭和の大凶作でも、貧困のため医療を受けられない人がいるなど、衛生の悪化が懸念されたが、もはや江戸時代のような疫病死の惨状からは程遠かった。

公儀薬法触書

各地の飢饉記録のなかに、疫病の流行にさいして公儀（幕府）から触れられた薬法の記事を見出すことが少なくない。一例だけあげておけば、奥州一関《いちのせき》藩の『天保凶歉之頃雑記《きょうけんのころざつき》』（『一関市史』3）に、天保八年（一八三七）の時疫流行のさい、平がな書きの薬法の公儀触があり、それは享保一八年（一七三三）の撰《せん》で「里民」に便なる書付だと記されていた。

享保一八年といえば、前年西日本がウンカの被害を受けて、大飢饉となった年である。享保の飢饉も他の飢饉に違《たが》わず、凶作の翌年に疫病がはやった。現在の福岡県地域は被害の最も大きかったところである。遠賀《おんが》郡の下上津役村（現北九州市）の『村用集』（『福岡県史近世史料編』11）によると、同村では飢え死には発生しなかったものの、夏六月に「三日ぼう」がはやって皆が煩い、凶作で春の痛みの強かった者たちが次々死んでいった。このはやり病について時疫風邪流行、あるいは風病流行と記している文献もある。

当時の将軍徳川吉宗《とくがわよしむね》は、西日本に米を大量に回漕《かいそう》して飢饉対策を積極的に行ったことで知られるが、そうした公儀権力としての仁政的性格は疫病対策の面にも表れていた。六月から七月にかけて疫病がはやったさいに、幕領の村々に限られたようであるが、幕府は薬法書を配って薬を作らせ服用させている。

幕府の医師、望月三英《もちづきさんえい》・丹羽正伯《にわしょうはく》連名による「薬法書付」（享保一八年一二月）というのが、その薬法書と同じものであろう。『御触書天明集成』に収められている書付には、時疫や食毒にあたったさいの薬の作り方が記され、たとえば発熱がひどく騒ぎ苦しむような病の場合には、これは前述の傷寒の症状であろうか、芭蕉《ばしょう》の根をつき砕いて汁を絞って飲むとよいとしている。どの程度に効き目があったのかは別にしても、薬の材料として黒大豆、牛蒡《ごぼう》、塩、大麦などといった人々の身近にあるものを使って効用を説いていたのが特徴であった。

天明四年（一七八四）と天保八年（一八三七）に再令された時には藩に宛てても出された。松前藩士が書いた『湯浅此治日記』にも天保八年時のものが全文書き留められている。幕府の権威を帯びて、全国的に流布した公儀薬法であった。村々に回覧され、御触留《おふれどめ》などに記録された例は少なくない。また、これが民間療法的な処方と混じり合い、ひろく定着していくこととともなった。むろん、幕府だけではなく、藩自身によっても飢饉時の施薬等がなされているが、近世中後期の疫病対策にとって大きな影響を与えた幕府の薬法触書であった。

疫神送り

江戸時代後期は、たしかに前述の花巻の町医者のように、町医者、村医者が増えてきて民衆にとっても縁遠い存在ではなくなりつつあった。傷寒が流行すれば、医家病用繁多となり薬礼も増すのであった。しかし、飢饉時の疫病の流行には手の施しようがなかったから、まだまだ呪術的な力に依存せざるをえなかった。藩や村が主体になって疫病退散の祈禱が寺社でさかんに行われていたのはそのためである。修験《しゆげん》など祈禱系宗教の活躍の場でもあった。弘前藩などは、時疫退散の祈禱札を家臣や村・町に配ったり、領外から疫病退散に効果があるという評判のお札をもらってきて配布するということまでしていた（拙著『飢饉の社会史』）。

また、疫神送りも各地でみられた。前出の尾花沢地方の『大飢饉色々留控書』という記録のなかに、天保の飢饉のさいに作られた「諸人口説《くどき》いろは短歌」というのが書き留められているが、そのなかに「すばらしや傷寒送り虫送り、鉦《かね》や大鞁《たいこ》にたひ松の火よ」という一節がある。傷寒送り、疫病送りが村・町でやられていたことの反映とみてよいだろう。

明治初年の『府県史料』によれば、山形県は明治六年（一八七三）に疫病除け、疫神送りを禁止した。いわゆる文明開化のなかで恥ずべき因習、悪弊とされたわけであるが、それはともかく、藁人形をこしらえて甲から乙に送ったり、あるいは近傍に立てておき、祭るときには必ず、鼓を鳴らし鉦を打ち、酒食にふける、と書かれている。右の口説の一節に符合している。

最上川流域は疫病送りの習俗が発達したところで、菅江真澄の遊覧日記のなかにも、庄内地方で夕暮れ頃より、鉦や鼓で囃《はや》し歩く「ぼうおくり」のことが出てくる。いつ頃から始まったのかはわからないが、飢疫をきっかけに始まった疫病送りが虫送りとからみあいながら、年中行事化、祝祭化してきたといってよいだろう。

疫病送りは、疫病神（ボーノカミ）を藁人形に取り憑《つ》かせ、それを村境で外に追放する、あるいは祭り棄てることによって、疫病神のいない清浄な空間を保とうとするものであった。また、秋田県などでは村境にショウキサマ、カシマサマなどと呼ぶ藁人形を立てて、疫病神が入ってくるのを防ぐという民俗事例がひろく展開しているのもよく知られていよう。疫病は凶作・飢饉に関係していなくても流行するが、これらの習俗に飢饉の影を読み取っておくことは必要である。

三　人・馬を食う

語られる人肉食

飢饉の地獄絵模様の極まりといえば、あってはならないと考えられている、人の肉を食べたという禁忌侵犯行為であろう。前述のように、天明の飢饉後に津軽地方を訪れた菅江真澄に対して、地元民は人肉食のこと、馬肉食のことを語っていた。真澄にとどまらず、地元民たちは意外に旅人に人肉食を語るのに饒舌《じょうぜつ》であったように思われる。

橘南谿《たちばななんけい》は、京都にあって医家として知られた人であるが、天明六年（一七八六）春に奥州に入り、飢饉後の津軽・南部の荒涼としたありさまを「饑渇負《けかちまけ》」という文章に書いている（『東西遊記』1）。外が浜（青森周辺）では、風雨で壁が崩れ、障子が破れた廃屋のなかに髑髏《どくろ》、骸骨《がいこつ》がそのままになっているのを日撃しており、飢饉から立ち直れない地域の現実を見せつけられた。宿泊した家の亭主から夜ごと飢饉のことを尋ね聞く南谿であったようだが、こんな話も書き留めている。

家族の者が次々死んでしまい、父親一人息子一人が残った。食べ物のなくなった父親が隣家に行って、自分の息子は二、三日のうちに死んでしまうであろう、息のある間に打ち殺して食べてしまいたいが、さすが肉親の恩愛自ら殺すことはできない。そこで其許《そこもと》が息子を殺してくれるならば肉半分を贈ろう、と頼んだ。隣家の男は大いに悦《よろこ》んで引き受け、ナタを持ってきて息子を殺した。それを見た父親がやはり飢えて疲れている隣家の男をマサカリで殺してしまった。こうした計略で二人の肉を手に入れ、塩漬けにして一月ばかり食いつないだものの、結局飢え死にしてしまった。父親は息子の仇《かたき》を討ったと吹聴し、誰もがその姦計《かんけい》を憎んでいたが、親子兄弟食い合う時節なので咎《とが》める者がいなかったという。

また、南谿が青森辺で馬に乗ったさいに、馬方が語るのには、我が家は八人家族であったが、人の肉を食わずに命を保つことができたという。これは伯父から、どんなに飢えても人を食うことがあってはならない。我が力が及ぶほどはおまえたちを救ってやろうといわれて、毎日米二合ずつ貰って生き延びたものであった、と。

人を食うことがあたかも常の事のようになり、老人の肉、死人の肉は味なし、婦人・小児の肉はやわらかくてうまい、などと人々が評するようになっていたのだと、南谿は書いているのである。計略で二人の肉を手に入れた話などは、事実がどうであったかはともかく、ひとつの風評、物語として成立し、地元民たちが共有する話になっていたのだと理解しておいてよい。こんな類《たぐい》の話は、前述の『天明卯辰簗』の話のように、いくつも物語がつくられ、実話風に語られていったのであろう。

地元民の記録

人肉食のことは何も真澄や南谿のような旅人の記録や、江戸にあって風聞を書き留めた杉田玄白《すぎたげんぱく》の『後見草《のちみぐさ》』といったよそ者によってのみ書かれていたわけではない。とくに天明の飢饉の場合には、津軽・南部地方の地元の飢饉記録のなかに頻出するといってよい。『五所川原市史《ごしょがわら》』史料編2上巻に収められている『凶年之様子書』という、近年紹介された飢饉記録にも次のような人肉食のことが書かれている。

ある集落では天明四年（一七八四）の正月になると、五六軒あったのが一〇軒ほどにしか人がいなくなり、男たちが先に死んでしまい、女たちばかりが生き残った。明屋《あきや》一軒に女四人が集まり、死人を引きずってきて食べていた。毎日、死人の身体を魚の切り身のようにして、あぶって食べたという。村人たちはこのような者たちを近所に置くことはできないとして、その家から追いだしたが、後片づけしたら人の骨がたくさん出てきて、あたかも前代の鬼人の住居の跡のようにみえたという。人を食べた者は一人も助からなかったとも記している。

飢饉のとき、人肉食があったのか否かの質問がよく出される。人肉食は、江戸時代の飢饉だけではなく、それ以前の飢饉についても語られているし、中国の文献にもたびたび出てくる。ヨーロッパにもあった。世界史的にみて、飢饉のさいの人肉食は特異な現象ではなく、いわゆる儀礼的なカニバリスム（食人習俗）とは峻別されなくてはならないものだろう。

この『凶年之様子書』などの記述には、ある程度の信憑性を認めなくてはならないし、旅人への話でも根も葉もない全くのつくり話であったと言い切るわけにもいかない。天明の飢饉のようなひどい状況のときには、人肉食が存在したことは否定できないと思われるが、だからといって南谿が記したように人肉食が常の事であったといえるかどうかは別問題である。どのような語りのなかでの人肉食なのかである。

南谿に語った馬方の男は、周囲の者はともかく、自分らは人肉を食べずに飢饉を乗り切ったというところに話のポイントがあった。また前述のように、真澄に語ってくれた人も、自分たちは藁餅や葛、蕨の根を食べて助かったと言って、人肉食は他人の出来事であった。真澄に人を食べたことを告白した乞食はいたが、それはごく稀なのであって、語りのほとんどは自らの体験談でありえようはずがなく、飢饉の記録を書く人の場合も当然他人のことであった。

人肉を食べたとされる人たちにもある程度類型化がみられる。身寄りを失い精神的にも追い込まれた立場の弱い境遇の女たちに、とりわけ人肉食の冷たい視線が浴びせられているように思われる。右の飢饉記録の事例や、前に紹介した『天明卯辰簗』の因業な婆も女であった。女でなくても、真澄の記述にしたがうならば、「つふね」「やたこ」として召し使われるような階層の人たちにそうした嫌疑がかけられた。

したがって、人肉食が常態化していたとは言い切れないが、ひとたび人肉食の風聞が立ち、ある筋立てで物語られるようになると、事実の存否にかかわらず、人肉食が歴史的事実としての意味をもってしまう。地元民には人肉食の存在を認めたくないという気持ちが働く一方、自分には関わらないだけに案外と饒舌になってしまうものなのである。そうでなければ、地獄絵のような飢饉物語が完結しないからである。

馬肉食の禁忌

江戸時代人が動物の肉を殺生禁断あるいはケガレ意識から食べなかったという通説は、実態的にかなり疑問であるということがかなり明らかになってきた。このことは、飢饉のさいに何を食べたのか調べてみるだけでもある程度のことがわかる。

南部地方（盛岡藩）を事例にしていえば、天明の飢饉などで山野の鳥やけだものを食べることについては何らの制限もタブーも存在していなかった。盛岡・八戸の城下や在町《ざいまち》の市日には、常の時でも獣肉（鹿肉）が売られていた。飢饉ともなると、鹿肉がたくさん市に出回ることもあり、飢饉食として重要であった。

高山彦九郎《たかやまひこくろう》の『北行日記《ほっこうにっき》』には、北上山地北部の村で飢饉時に鹿を鉄砲で撃って食いつなぎ、餓死を免れたと語る者のいたことが記されている。江戸の町でも、生類憐《しょうるいあわれ》みの令の影響により近世中期猪《いのしし》・鹿の獣肉食が表立たなくなるようであるが、その前後の時代にはよく食べられていたといわれる。野獣食への禁忌は弱かったとみるべきであろう。

しかし、人間によって囲いこまれた家畜となるといささか事情が異なってくる。江戸時代の家畜としては、南部地方では犬、猫、鶏、牛、馬といってよいが、犬、猫、鶏を食べることにはある程度抵抗感があったように見受けられる。食犬習俗は近世前期までは珍しくなかったといわれるが、生類憐みの令以後はタブーが強まった。鶏も卵や肉を食べるために飼われていたというより、時を知らせてくれるための家畜であった。ただし、飢饉状態になると、犬、猫、鶏を捕まえて食べるのは当たり前のことであった。同じ家畜といっても牛馬との差は歴然としている。

馬を食い、人を食い、と組み合わせて語られることが少なくない。馬肉食と人肉食とが意識のうえではひとくくりになっており、馬を食べることに非常につよい嫌悪感、忌避感情が働いていたことが知られる。牛馬はむろん、農耕や運搬の労力としてかけがえのない存在であったが、南部地方は全国的にも指折りの馬産地であったことを忘れてはならない。馬の生殖が産業でもあったのである。

南部地方では戦後になって、馬肉を多食するようになり、当地の名物として他県にも知られるようになるが、戦前までは禁忌感が強くまとわりついていた。家に祀《まつ》られるオシラサマは肉食をつよく嫌う神でもあった。馬肉食を忌み嫌う観念が馬産地にどのように入り込んでくるのかよくわからないが、天明の飢饉のときに、馬を食べる者を目撃してそれを罪科のように思い、羅刹国《らせつこく》の鬼にでも出会ったような感覚を持つ人たちが存在したことは確実である。馬を食べた人たちも何か罪を犯したような感覚にとらわれたのであった。

ただし、飢饉がひどくなると、そうもいってはいられない。飼料不足のために放置された捨牛馬を飢人たちが殺して食べるようになり、また馬肉を「里鹿《さとじか》」などといって市日で売る者も出てくる。徒党を組んで馬屋に放火し、馬を強奪する者も現れる。馬産地でも飢えに窮し、最後には牛馬に手をつけるしかなく、多くの者たちが牛馬を食べたといわれている。

そのため、盛岡藩では天明の飢饉で馬数が激減し、数年間馬改めもできないほどであった。横川良助『飢饉考』によると、領内に一四万頭いた牛馬が六万頭死んで八万頭になったという。

四　餓死亡霊と供養

博多の飢人《うえにん》地蔵

書かれた記録を別にすれば、飢饉のむごさを今日に伝えてくれるのは石造物である。全国各地に江戸時代の飢饉で死んだ人たちを祀った飢饉供養塔、餓死供養塔がどれくらい残されているのであろうか。地域レベルでは調べられてきているが、まだ、全国的に集計を試みた人はいない。乞食・非人となった飢人は多くの場合、農村から都市へと向かった。路傍や軒下などで行き倒れた者、あるいは施行小屋に収容され亡くなった者などは、供養してくれる身内がなかったから、住所不定の無縁仏になるほかなかった。そうした無縁仏を集めて石塔を建てたのが飢饉供養塔である。

現存する古い時期の飢饉供養塔は、享保の飢饉（一七三二～三三）のときのものである。西日本、とりわけ福岡県や佐賀県の北部九州、および四国の愛媛県に多いように思われる。飢饉の惨状の程度をやはり物語っているようである。福岡市内のものでは、とくに博多区の東中洲《なかす》にある飢人地蔵尊が有名である（藤野達善『飢人地蔵物語』）。

これは、近郊の村々から博多にやって来て川端町辺りで死んだ者たちを、博多川向こう岸の中洲畠に葬ったものであるという。由緒によれば、飢饉から五〇年忌にあたる天明元年（一七八一）に藩主

愛媛県松山市西垣生の常光寺にある餓死精霊塔（写真・菊池勇夫）

の弔いがあり、以来近隣の地元民が施餓鬼《せがき》供養をしてきたものといわれ、戦後も上川端地蔵組合の人たちが毎年八月二三日、二四日に飢人地蔵祭を執行してきた。市内には他にも、大博町の餓死万霊供養塔、千代《ちよ》の飢人地蔵などがあり、地元民に祀られてきた。これらの供養塔の前に立つと、三〇〇年近くの時空を超えて、飢饉で死んだ者たちの霊魂がよみがえってくるような思いがする。

四国の松山市の隣松前《まさき》町に行くと、義農神社というのがある。小田切春江編輯、木村金秋画図『凶荒図録』（明治一八年）にも出てくる、伊予《いよ》国筒井村の農夫作兵衛を祀った神社である。作兵衛は飢えても種麦を食べず、それが入った袋を枕にして餓死したといわれている人物で、戦前には勤労の鑑《かがみ》として修身の国定教科書にも登場し、義農として称揚されてきた。明治四三年（一九一〇）

に発行された『義農唱歌』には、「松前の駅の程近き、義農の墓に享保の、昔を訪へば作兵衛の、義心ぞ殊にしのばるる」、「嚢《ふくろ》に麦は残れども、こを失はば天皇の、瑞穂《みずほ》の国を如何《いか》にせむ、思へば軽き命なり」などとあり、忠君愛国にからめとられていたのは、戦前の時代精神をよく示している。

松山市内にもいくつか飢饉供養塔が残されている（景浦勉『松山藩政史の研究』）。安城寺町の安祥寺門前近くの道端には供養塔が六基あるが、これらは大飢饉から五〇年後の安永《あんえい》一〇年（天明元、一七八一）を最初に、七〇年後、一〇〇年後、一五〇年後、二〇〇年後、二五〇年後にそれぞれ建立されてきたものである。大飢饉で餓死した者たちのことを忘却せず、地域の飢饉体験を後世に伝えていこうとする強い意志を感じざるをえない。

東北の飢饉供養塔

飢饉供養塔がたくさん残存しているのは、やはり東北地方である。宝暦・天明・天保の各飢饉のものであるが、三回忌とか七回忌とかの年忌供養をきっかけに建てられている。とくに青森、岩手、宮城の三県には目立って多い。大ざっぱにみても数百は東北地方にあるのではなかろうか。農村地域にもたくさんあるが、弘前、青森、八戸、盛岡、花巻、石巻、仙台といった城下町や町場に少なからず建てられたのは、都市住民に加えて農村から入り込んだ飢人たちを葬ったからである。

いくつか紹介してみよう。八戸市中心部の長者山のふもとに、山寺と呼ばれている寺院跡がある。ここには、天明の飢饉と天保の飢饉の供養塔が建てられている。『天明卯辰簗』によると、山寺に

「非人穴」が掘られており、城下に出てきて行き倒れた者や、身寄りのない餓死者をまとめて葬った場所であった。八戸藩は、文化《ぶんか》三年（一八〇六）の二三回忌、文化一二年（一八一五）の三三回忌に天明三・四年（一七八三・八四）の餓死人の餓死供養を城下の十カ寺に命じて執行させている。現在、この場所は天聖寺《てんしょうじ》が管理しているが、一九九五年、これらの供養碑を保存するため覆屋《おおいや》が設けられ、餓死慰霊供養祭が行われた。

盛岡の報恩寺には八角柱の天保の飢饉の供養塔がある。『飢饉考』によれば、天保四年（一八三三）一一月一〇日に、同寺境内に五間《けん》に八間の御救小屋が五棟建てられた。四壁はなく粟殻で囲い、小屋の真ん中に堰《せき》を通して火を焚《た》き、堰の左右を通路とし、また小屋の中を仕切って男女別に二五人ずつ入るようにし、とても入りきれないように思われるが、一棟四〇〇人、都合二〇〇〇人を収容するものとした。仕切のなかには下に籾殻を厚く敷き、その上に藁を敷いた。一人あたり一日米八勺《しゃく》ずつの支給であった。住職からも赤綿布団、古綿入を貸し与えられ、昼には丸飯が与えられている。月に三度の風呂もあった。天明の飢饉のときの御救小屋と比較すれば格段に待遇がよくなっている。

それでも餓死、疫死する者が続き、後ろの山に大穴を掘って埋葬した。四八三人の供養人員であった。天保七年（一八三六）に再び小屋の設置を頼まれた住職がいうには、四年のとき六〇〇人以上が小屋に入ったものの、小屋を片づける時にはわずか五〇人に満たず、ほとんどが死んでしまった、いろいろ手だてを尽くしても、何のための御救小屋かと疑問をなげかけて、藩に断ったという。集団生活が栄養失調状態の者にとって、いかに伝染病に感染しやすい環境であったか、推して知るべしである。御救の名目とは反対の過酷な現実であったのは、むろんこの事例ばかりではなかった。盛岡には東顕寺や東禅寺にも同様の供養塔が現存している。

宮城県石巻地方にも飢饉供養碑が多く残っている。『石巻の歴史』第九巻によると、二五基が市内にあり、とくに天保七年の凶作による飢饉で死んだ人たちの一回忌、三回忌、七回忌に建てられたものが多い。天保七・八年の飢饉のすさまじさを物語っている。『天保耗歳鑑《もうさいかがみ》』によると、永岩寺および広済寺に「施穴」といって大穴を掘り、裏屋に捨て置かれた死骸や、町の傍らにある死骸をそこに溜めておき、あとで葬ったという。両寺にはこのときの供養塔が造立されているが、他の寺院にも同様の供養塔があるので、同じく餓死・疫死者のための施穴が掘られたものであろう。「叢塚《くさむらづか》」と刻まれた碑も建てられている。

たくさんの飢饉死者を埋葬した場所を津軽地方のように、「イコク穴」と呼んでいるところもある。また、「千人塚」というのも、東北地方では飢饉の餓死者をまとめて葬った場所をさしていることが多い。

菅江真澄によれば、路傍に建てられた無縁車（土地によっては菩提車《ぼだいぐるま》・後生車《ごしょう》などと呼んでいるもの）のかな輪を回すのは、飢人の屍を埋葬したのを弔うのであるという。飢饉で死んだ者たちは関わりのない無縁の存在だったとしても、非業の死である以上、きちんと祀らなければ怨霊《おんりょう》となってたたりかねないと考えられていたから、この世の安寧秩序のために、仏教の力を借りて供養してきた。それは、再び飢饉を再来させてはいけないという思いと分かちがたく結びついていたのである。

サネモリ虫・非人虫

享保一七年（一七三二）の西国の大凶作は、梅雨期に中国から海を越えて飛来してくるウンカのしわざであったと考えられている。ウンカの駆除法は大蔵永常《おおくらながつね》の『除蝗録《じょこうろく》』という農書に記されているように、鯨油《げいゆ》を水田に注ぎ、稲に吸い付いて枯らすウンカを叩き落とす方法が発見され、それが全国的に広まって、享保以降大災害にならずに済むようになった。

『福岡県近世災異誌』に収められている『秋城御年譜』によると、享保一七年六月初めから田作に「小糠虫《こぬかむし》」が発生して、ほどなく「実盛虫」になり、田腐り状態になってしまった。また、他の記録にも、六月中旬より「さねもり虫」、六月末頃より「実盛虫」などと、ウンカの異常繁殖をサネモリ虫と記しているものがみられる。村々で虫送りを実施したともいう。

福岡県辺りでは、享保の飢饉時にはすでにウンカをサネモリ虫と呼んでいたことになる。西日本では、虫送りの藁人形をサネモリと呼ぶ例が多い。サネモリは田の神送りのサナブリに由来するともいわれるが、伝説としては、源平合戦で斎藤別当実盛《さいとうべっとうさねもり》の乗る馬が稲株につまずき落馬したところ、相手の手塚光盛《てづかみつもり》に討たれて戦死し、その亡霊が実盛虫（サネモリ虫）となって祟《たた》っているのだという。江戸時代に入ってから生まれたこじつけに違いない。

亡霊が虫になって田作に被害をもたらすというのは、サネモリという言葉が使われているのではないが、東北地方において見いだすことができる。盛岡藩の北上川流域では、天保一〇年（一八三九）にウンカ虫が付いて稲穂が真っ黒になるという被害を受けたが、それはさる天保四年と同七年の凶作でたくさんの餓死者が出たのに弔う者がなく、それを怨《うら》む死人の魂魄《こんぱく》の一念が虫となって、稲穂に付いたなどと語られていた。これを「非人虫」（疲人虫）と呼んだという。こうし

むしおいの図・大蔵永常著『除蝗録』（国立国会図書館蔵）

た例は文献史料的には、八戸藩、弘前藩、新庄藩などにみられる。

虫害を餓死者の怨霊とみる観念が、おそらくは宗教者の解釈が関わっているにしても、かなり農民の間に浸透していたといえるのではなかろうか。餓死者の亡霊が、さまざまの機会にこの世の社会に蘇《よみがえ》ってくるのであったから、粗末に扱ってはならなかったのである。

第三章　凶作・飢饉のメカニズム

一　ヤマセが吹く

気候復元と小氷期

近年異常気象への関心が高まってきた。超異常気象という表現さえする気象学者もいる。とくに二酸化炭素濃度の高まりによる地球温暖化現象が農業、食料生産に与える影響などが懸念されるようになった。こうした将来の予測とともに、日本列島の過去の気候を復元する試みも活発に進められてきた。これによって異常気象と凶作の因果関係がかなりわかるようになってきたといってよい。

歴史時代の気候復元には花粉分析や年輪など、いろいろな自然科学的方法があるようだが、江戸時代の日記類には日々の天候を記したものが比較的多くあり、飢饉記録にも天候の推移が詳しく記されている。藩日記など長期にわたって書き継がれてきたものはそれだけ価値が大きく、同地域に複数の史料・データがあるならば突き合わせての分析も可能である。

そうしたなかで、弘前藩庁日記の毎日の天候記事を使って、一六六一年から一八六七年までの気候変動を明らかにしようとした前島郁雄・田上善夫の研究がある（「日本の小氷期の気候について」『気象研ノート』一四七、など）。

前島らによると、江戸時代の気候は、寒冷な時期（小氷期）と温暖な時期（小間氷期）とが繰り返し、一六一〇～一六五〇年非常に寒冷、一六五〇～一六九〇年温暖、一六九〇～一七二〇年非常に寒冷、一七二〇～一七四〇年寒冷、一七四〇～一七八〇年温暖、一七八〇～一八二〇年寒冷、一八二〇～一八五〇年非常に寒冷、一八五〇～一八八〇年寒冷、という時期区分となっている。

元禄《げんろく》・天明《てんめい》・天保《てんぽう》の各飢饉がちょうど小氷期に該当し、北東北の新田開発が一七世紀後半の温暖な時期に進展したこともうまく理解できる。ただし、宝暦《ほうれき》の飢饉（一七五五～五六）などは必ずしも小氷期というわけではなかった。一八世紀半ばの温暖な時期における気のゆるみが、稲作では経済的メリットのある晩稲種に走り、天明三年（一七八三）の冷害への備えを甘くしていたのかもしれない。

東風冷雨のヤマセ

一九九三年は大凶作の年であったのは記憶に新しい。日本農業気象学会編『平成の大凶作』によれば、北日本（東北・北海道）では六月から八月までの平均気温が一・七度も低く（地域によっては最大二・五度低下）、日照時間も平年比の八一％であった。日最高気温が三〇度以上の真夏日がほとんどなく、異常な低温・日照不足により冷害となり、東北地方では稲の作況指数が五七、北海道が四〇の大凶作となった。とくに東北地方の太平洋側の北部では、一〇以下の皆無作状態であった。

冷害をもたらす異常気象は、直接的にはオホーック高気圧の影響だと考えられている。オホーツク高気圧の勢力が強くなると、太平洋側の地域では、湿潤で冷たい偏東風（東風ないし北東風）が連日吹き付け、曇天や霧雨の天候不順が続くことになる。奥羽山脈を越えると比較的乾いた風になり、日本海側の地域では太平洋側ほどには偏東風の影響は受けないのである。

もっとも、長期の異常低温傾向はオホーック高気圧の問題だけではなく、日本近海の海水温、エルニーニョ現象などさまざまな影響、因果関係のなかで説明されるようになってきている。東北地方の冷害、大凶作も地球的規模での気象メカニズムのなかで起こった出来事、と思うことは、私たちの視野を世界にひろげていくうえで大切なはずである。

現在ではヤマセという言葉が、この東風冷雨現象をさして専《もっぱ》ら使われるようになっている。江戸時代の文献史料には、山背、山瀬、病背などと漢字で書かれている。病背という当て字には、飢饉をもたらす悪風という感覚が込められているのは確かだろう。

ヤマセの語源についてはさまざまに語られてきたが、柳田國男《やなぎたくにお》の『風位考《ふういこう》』の指摘がやはり適切であると思われる。日本海側の西回り航路（北前船《きたまえぶね》）の回船にとって山の方から吹き出してくる風（東風）が山背であり、船乗りたちがヤマセという風名を北日本に流布させていった、と考えるのが自然である。江戸時代の北海道（松前・蝦夷地《えぞち》）に入り込んでいった回船は、北海道の太平洋側でもヤマセ（東風）という言葉を使っていた。

飢饉史料をよくみていると、ヤマセという言葉が出てくるのは、弘前藩、八戸藩、盛岡藩（ただし岩手県北部および青森県東部）に限定されている。風名の研究によると、ヤマセの使用は三陸地方の宮古より以北のことであって、それ以南の気仙沼《けせんぬま》などではコチと名づけていた。西回り回船は宮古あたりまでが航路で上方《かみがた》とつながり、仙台領などは江戸との結びつきであった。船乗りたちの言葉が農民たちに転用されたのである。

こうしてみると、凶作風としてのヤマセはもともと青森県地域の方言といってよく、それほどのひろがりをもっていたわけではない。ヤマセという言葉が一般化してくるのは、昭和初期に入って、オホーツク高気圧といった新しい気象知識が人々に受容されるようになってきてからであり、さらには学校教育にも取り入れられて、流布・定着したものと考えておきたい。

藩の損毛届

江戸時代には、各藩が風水害、地震、火事などの災害を被ったさいには、幕府に対して被害届を出す決まりになっていた。統一権力として幕府が全国の災害を掌握するためであったが、各藩にしてみれば、被害程度に応じて幕府から拝借金や勤役《きんやく》減免を引き出すねらいがあった。凶作のときも、各藩はその被害の様子を届け出た。これを損毛《そんもう》（損亡）届といっている。

盛岡藩を事例に幕府への損毛届をみておきたいが、時代によって被害の書き上げ方が違っていた。元禄八年（一六九五）の凶作のときには、盛岡藩の所務高《しょむだか》（直轄地の年貢米量）について、例年ならば一四万俵（一俵三斗七升入）の所務のところ、四万俵程度の収納にとどまると報告していた。約七割の収量減で、今風にいうならば、作況指数二九ということになろうか。

宝暦の飢饉以後になると、届け方が大きく変化している。石高《こくだか》を基準にどれだけの高が損毛となったかの記載になった。盛岡藩の場合には本高（表高・領知高）が一〇万石であったが、実際の生産高とのひらきが大きく、その差を新田高《しんでん》一四万八〇〇〇石として報告することが容認されていた。宝暦五年（一七五五）の場合には、本高のうち七万七一七〇石の損毛高（七七％）、新田高のうち一二万二五三〇石の損毛高（八三％）、全体では一九万九七〇〇石の損毛高（八一％）となっている。

また、天明三年（一七八三）の場合は、本高のうち六万五六七〇石（六六％）、新田高のうち一二万三五五〇石（八三％）、合計一八万九二二〇石（七六％）の損毛高が届けられていた。

さらに天保の飢饉のときは、本高・新田高あわせて二四万八八〇〇石のうち、天保三年（一八三二）一五万五〇〇〇石（六二％）、同四年二二万三二五〇石（九〇％）、同六年二〇万一五五〇石（八一％）、同七年二三万二五〇〇石（九三％）、同八年一五万一三五二石（六一％）、同九年二三万八五五〇石（九六％）となっていた。

こうした損毛高の数字がどのようにしてはじきだされるのかであるが、平年の収納高（年貢高）に比べてどれくらい減ったのか、その減少した分を本高・新田高に割り振って算出したもののようである。本高・新田高というのは固定化された名目上の高にすぎないから、その損毛高の数字自体には虚構が含まれ、損毛率（%）から被害程度を知るべきものである。幕府に対してどれほど正確に報告しているのか疑いは必要であるが、ひどい飢饉となった年にはそれに応じて損毛率が高かったのは、当然といえば当然であろう。

ただし、天明三年が宝暦や天保よりやや損毛率が低かったのはどうしてであろうか。藩のなかでも盛岡以北と以南では被害経度に差があったようだが、それにしても餓死の噂《うわさ》が強かったため、幕府に被害を少なく見せようとしたのであろうか。

藩の江戸留守居の記録をみていると、付き合いのある藩同士で、さかんに幕府への損毛高の届を報告しあっていたことが知られる。どのように幕府に報告するかの情報交換の意味があった。ただそれだけでもあるまい。江戸での出費が嵩《かさ》む大名家にとって、大名間の贈答慣行、交際を凶作のため何年間簡略にしたいという申し出が頻繁にあることから、経費削減のもっともな口実ともなった。

ヤマセと長期予報

江戸時代人は災害をもたらす天変地異をどのようにとらえていたのか、うまく説明できないが、それは人間のおごりに対する天の戒めというとらえかたがあった。また、天の運びというものがあって、運気を知って災害に備えるのが大事だという考えもあり、陰陽五行説にもとづく年占い、天気占いが幅をきかしていた。

たとえば、『飢歳凌鑑《きさいりようかん》』という盛岡藩の天明の飢饉記録にもみえるが、東北地方では『東方朔秘伝《とうぼうさくひでん》置文《おきぶみ》』という暦占書が年占《としうら》の民間習俗にふかく入り込んでいた（小池惇一「東方朔追尋」『西郊民俗』一三三）。岩手県立図書館には盛岡舞田屋蔵板の『東方朔』が所蔵されている。舞田屋は盛岡藩の暦の版元で、いわゆる「盲暦《めくらごよみ》」（絵暦）も発行していた。

飢饉を記録する者が凶作年の天候のことを詳しく書き残そうとしたのは、占いの書が実際とは合致しないことが多く、日々の天候の推移に対しての注意の喚起が必要であったからである。飢饉の発生年を調べて、五〇年前後に一回は飢饉が襲ってくるという周期性に関心を向ける者も出てくる。全体として、天候に対する見方が呪術的なものから経験的合理的な方向に動いていたのは確かであろう。

ヤマセ常襲地帯の人々が天候に対してもっていた感覚は、たとえば「ひでりにケカチなし」（能田多代子『青森県五戸《ごのへ》方言集』）、「ひでりに飢渇無し」（『仙台市史』六）という俚諺《りげん》によく表れているだろうか。西日本とは違って、低温と日照不足に悩むこの地方にとって、日照りはむしろ歓迎すべきであった。八戸藩の『天明卯辰簗』が天明三年（一七八三）の毎日の風向きを記したのは、凶作風の存在を明らかに意識していたからだろう。

『明治三十八年宮城県凶荒誌』によると、青森県の農家は偏東風、とくに東風を「飢饉風」と呼び、陸中海岸地方の農家も東風または北東風を「雨風」あるいは「凶作風」として嫌い、夏期の海風を毒風のように考えてきたという。まさに「飢饉は海より来る」のであった。

ヤマセに関する気象学的な研究が始まったのは、明治後期のことといわれる（『気象百年史』）。とりわけ、明治三五年（一九〇二）、同三八年の東北地方の凶作がきっかけとなった。三陸沿岸地方の飢饉は海からやってくるという俚諺にヒントを得て、凶冷と海水温度との関係、親潮・黒潮の海流の影響が論じられた。地元の経験的知識が近代科学にうまく橋渡しされたのである。また、千島《ちしま》方面の奥に発達した高気圧から吹いてくる北東風と海流の低温が凶冷の原因であるとする見解、さらには太陽の黒点説などが当時出され論争となった。

大正初期までにヤマセの発生原因がある程度突き止められていたが、昭和初期ともなるとオホーツク海高気圧とヤマセとの関係についての気象学的理解が確実なものとなってくる。ただし、ヤマセ研究の意味はそれにとどまらなかった。昭和一六年（一九四一）にはじまる冷害予報のためのデータ収集が、長期予報の組織的研究に道を開いたと評価されている。ヤマセがいわば日本の気象研究をリードしたといってよいのである。

二　猪が荒れる

野獣との戦い

猪・鹿・猿、あるいは鳥類による作物被害は現代にあっても深刻な問題である。日々鳥獣との戦い、知恵比べを強いられている人々がいる。それは野獣が責められるべきというよりは、人間の開発行為、別な言い方をすれば自然の人工化・破壊によってつくりだされた環境の変化に起因しているのであり、今ほど人間と自然とのかかわり、人間と生き物とのかかわりが、人類の先行きのなかで問われている時代はない。

鳥獣による食害の歴史は、人間が穀物の栽培を始めたときから繰り返されてきた。中世社会においても、鳥追いや獣《しし》追いは日常の農事であった。

説経節の「山椒太夫《さんしょうだゆう》」に登場する厨子王《ずしおう》の母が蝦夷《えぞ》ヶ島《しま》（または佐渡ヶ島）に売られ、鳴子の縄を引き、粟《あわ》の鳥を追っていたのは、いかにも涙をさそい哀れであった。また狂言の「狐塚《きつねづか》」は鳥追いをめぐっての話であるし、猪・猿の害のことも出てくる。ただし、中世までは野獣より、鳥類の被害のほうに人々の深刻さがあったといえようか。小正月の予祝《よしゅく》儀礼のなかに、とくに東日本では鳥追い行事が欠かせないものとして組み込まれているのは、そうした近世以前からの長い歴史があったからである。

しかし、獣害が社会や国家にとって等閑視できないほどの厄介な問題として浮上してきたのは、江戸時代といってよいだろう。とりわけ、新田畑開発が急速に進み、文字どおりの農業社会が全国的に確立した一七世紀後期から一八世紀前期の頃が、最も野獣駆除が政治化した時代であった。今日でも遺構の残っているところがあるが、猪の侵入を防ぐために大がかりな猪垣《ししがき》が作られ始められたのもこの時期からだといわれている。

皮肉にも、生類憐みの令が出された将軍徳川綱吉《とくがわつなよし》の元禄時代、農民たちは野獣との戦いに明け暮れる日々を過ごしていた。塚本学の『生類をめぐる政治』という研究によると、綱吉政権は在村の鉄砲を国家のきびしい管理下においたものの、鉄砲によって猪・鹿・狼《おおかみ》などの野獣を威したり、撃ち殺すことを認めていた。いわば農具としての鉄砲である。

そればかりでなく、幕府の鉄砲方が関東農村に出動して、狼や猪の撃退に乗り出すことすらあった。人間より動物を大事にしたとかいわれる綱吉政治の理解は一面的にすぎ、猟師の鉄砲は否定されることがなかったのである。

八戸藩の猪ケカチ

東北の北部に江戸時代、たくさんの猪が生息していたというと驚かれるかもしれない。明治以降には姿を見かける者がいなくなったから、地元の人たちにも忘れられた存在になってしまった。綱吉の時代より五〇年ほど時代は下るが、八戸藩では寛延《かんえん》二年（一七四九）の凶作のことを猪ケカチと呼んでいる。ケカチ（ケガジ、ケガズ）というのはむろん飢饉という意味である。

寛延二年という年は、飢饉記録によれば、夏の間寒冷がはなはだ強く、またほんのりとした日和もまれで、粟・稗《ひえ》も平年の四割程度の作柄だった。このように冷害がからんでいたのは無視できないが、とくに指摘されていたのは、延享《えんきよう》三年（一七四六）頃より猪が繁殖して田畑を荒らし始め、この年にピークに達し、凶作の作物を食い荒らし、山間の畑がちの村を中心に飢饉となった。乞食となって離散する者が多く、三〇〇〇人ばかりが餓死したといわれている。隣の盛岡藩でもこの頃やはり同様の猪の被害に悩まされていたことが、家老席の日記『雑書《ざつしょ》』から読み取ることができる。

山の焼畑　大蔵永常著『広益国産考』（国立国会図書館蔵）

この時期数年間の『八戸藩日記』には、猪荒れの記事が頻出する。春に「山端《やまは》畑《た》」などに仕付けた大豆・粟・稗といった雑穀が掘り荒らされて「黒畑」のようになったり、実入りの時期になればその実をねらって食い荒らし、手の施しようがなかった。芒所《ぼうしよ》同前の荒れ地になってしまい、仕付けできない畑も寛延二年には少なからず発生していた。

猪の異常発生についてはおよそ次のような事情があったと、地元の研究者西村嘉などは述べている(『八戸地域史』三四)。当時、この地域では商品として他国に売られる大豆生産に藩も農民もあおられ、山野を開発して、アラキと呼ぶ焼畑をたくさんつくった。焼畑は数年作物を植えると地味が衰えて放っておかれる。これをソラスというが、そらされた焼畑跡には葛《くず》や蕨《わらび》が繁茂して、猪の生息場所に適し、しかもその根が餌《えさ》になり、急激に猪が増加する。増加した猪は餌を求めて焼畑や常畑《じょうばた》の雑穀を襲う。焼畑による山野開発が、猪の異常繁殖をもたらし、猪飢饉の原因となったというのである。

およそ、このような理解でよいかと思われるが、猪の外敵である狼が人間によって撃退されたことも猪の増加に拍車をかけていたと考えられる。この地域では、狼のことをオイヌと呼んでいるが、狼は馬産にとって危険な存在であった。八戸藩や盛岡藩には藩の牧《まき》があって、藩牧の馬が狼に襲われて殺されたという記事が、とくに一七世紀後期から一八世紀初めにかけての藩日記にたびたび出てくる。農民が飼っていた里馬の被害も少なくなかったはずである。元禄時代、この地域では狼退治に躍起となっており、狼を討った者には褒美が与えられていた。

八戸藩は猪との戦いに乗り出した。寛延二年正月に猪退散の祈禱を領内の寺院に命じている。また昨年一〇月以来この正月までに猟師や農民を動員して大規模な駆除作戦を実施し、領内で二〇〇〇頭余殺したという。それでも寛延二年は作荒らしのピークを迎えたのであるから、異常な繁殖ぶりであったことを物語っている。その後毎年のように冬期に猪狩りが行われ、宝暦元年（一七五一）には二九二三頭を駆除したという。

焼畑と大豆生産

焼畑は、一般に検地され石高のついた土地ではなかったから、領主・農民関係の史料には現れにくい。そのため、どれくらいの焼畑が存在し、どのように耕作されていたのかはわからない。昭和期に入ってからの民俗的な事例調査から江戸時代の様子を類推するしかない。山口弥一郎の「東北の焼畑慣行」（『山口弥一郎選集』三）は、昭和戦前期の調査として貴重である。

そこに収められている青森県の三戸《さんのへ》郡名久井《なくい》村（旧八戸藩）の例によると、同村には昭和一一年（一九三六）に四六七町歩もの焼畑があった。アラキは、初年度には大豆、二年目粟、二年目から三年目にかけて麦、三年目大豆、四年目を最後にソラス（休閑にする）時には蕎麦《そば》、五年目まで作るときは四年目粟・稗、五年目蕎麦となっていた。

大豆や麦は換金作物、粟・稗は自給的作物としての性格が強かったものと思われるが、焼畑の中心的作物は初年度と三年目に蒔《ま》かれる大豆であったとみてよい。自給食料をまかなうという焼畑の側面はむろん否定できないが、焼畑を切り開かせ、繰り返させてきたのには商品作物としての大豆の力が大きかったはずである。

しかし、柳田國男の『豆の葉と太陽』にも述べられた懐かしい大豆畑の光景は、大豆の国内生産がほんの数パーセントにまで落ち込んでしまった現在、失われた遠い過去のものとなってしまった。大豆復活の時が待たれる。

盛岡藩・八戸藩の台地や山地の村々で、大豆がたくさん作られるようになったのはいつぐらいからだろうか。大豆はもともと領主にとっては馬糧《ばりよう》としての畑方《はたかた》年貢の意味をもっていたが、八戸藩では一七世紀後期になると、領主による公定値段での大豆の買い上げが開始されており、江戸の商人も入り込んで江戸方面に売却されていたことが、藩日記からうかがうことができる。藩の家臣たちも自分の知行地《ちぎようち》の大豆を領外にさかんに移出し始めている。隣接する盛岡藩領の奥通《おくどおり》（岩手県北部・青森県東部）からも大豆が買い集められ、八戸領を経由して津出《つだ》しされていた事例も知られる。

このように、元禄時代には確実に江戸方面に向けた大豆生産が本格化しており、これに伴い焼畑が次々と開発されていったと理解していいだろう。南部大豆の特産地化がやがて猪荒れ、猪ケカチを発生させていったことになる。

焼畑は確かに縄文時代にさかのぼる古い歴史をもっているが、地域によっては盛岡藩などのように江戸時代になってから進展したところもあると見るべきだろう。その点を別な地域で示唆してくれるのが、文政《ぶんせい》一一年（一八二八）に信越国境の山村を訪ねた鈴木牧之《ぼくし》の『秋山記行《あきやまきこう》』である。牧之が村人に聞いた話では、秋山地方はかつてトチやナラの実を主食としてきたが、その頃には粟や稗といった雑穀を食べるようになり、口が奢《おご》ってきたとのことであった。焼畑のやりかたも詳しく聞いているが、おそらくは焼畑農耕がそうした食生活の変化をもたらしたものであろう。それにともない山村と里村との商品経済も浸透してきて、粟・稗やその他の山村の特産が里に売り出され、生活文化も里村とあまり変わらなくなってきていた。

秋山地方では、いわば商品経済の展開にかかわって焼畑に生活文化をシフトさせたのだと考えることができる。この地方では天明の飢饉のときに死に絶えてしまった村があったというが、それなども木の実食から雑穀に食生活を変化させてしまったつけだったのかもしれない。焼畑の拡大にともない、ここでも猿や猪の被害を免れず、村人たちは犬を放し飼いにし、昼夜の番をしたという。八戸藩の焼畑と猪ケカチと似たような状況が生まれていたのである。

安藤昌益の社会批判

八戸藩城下で町医者をしながら、稿本『自然真営道《しぜんしんえいどう》』を書いた安藤昌益《しょうえき》について触れないわけにはいくまい。戦後のある時期までは封建制の完膚《かんぷ》なきまでの批判者、近年ではエコロジストとしての昌益へと、その思想理解は大きく変わったといえるが、江戸時代の思想家のなかでの昌益の特異な相《そう》貌《ぼう》に今なお多くの人々が魅せられている。

かつては謎の人であったが、延享元年（一七四四）から宝暦八年（一七五八）までは八戸城下に居住していたことがわかっており、晩年は故郷の秋田藩領二井田《にいだ》村（現大館市）に戻り、宝暦一二年同地で病死した。故郷の農民たちは昌益を「守農太神」として讃《たた》えた。

したがって、八戸では寛延二年（一七四九）の猪ケカチと宝暦五年（一七五五）の大凶作と、二度の飢饉を体験したことになる。昌益によれば、冷害や旱魃《かんばつ》で凶年となり、衆人が餓死し、あるいは疫癘《えきれい》して多くの人が死ぬのは、人間の発する邪汚の気が「転定活真《てんち》」の気を汚し、不正の気行となったからである。「転定」と書いて天地を意味させたのは昌益の独特の用法である。

邪汚の気というのは、人間の欲迷・盗欲の心から発するもので、それは聖人や釈迦《しやか》が「私法」を立てて不耕貪食をしたことに始まった。上下の差別（二別）を設けて年貢を搾取し、遊楽にふける江戸時代の支配階級はもちろん、学者・宗教者、商人たちはみな利欲・妄念の者たちということになる。ひとり直耕・直織する農民のみが、無欲・無乱・無法であって、「転定活真」にかなっているという、徹底した農本主義であった。

士農工商の「四民」のうちでも、売買の徒輩《とはい》、商人に対する見方がとくにきびしかった。天下通用のために聖人によって立てられたものだが、王侯にへつらって士農工をたぶらかし、利倍《りばい》のみを争う妄利・欲害の者であった。江戸時代においては、商人が汗水流して働いた富は積極的に肯定されるべきという考えが次第に力を持ってくるが、商人は人を騙《だま》して儲ける者だというとらえかたも根強く存在しており、とりたてて昌益の商人否定は特別なものではない。

昌益は現実に生起している問題、たとえば猪ケカチについて何か具体的な指摘をしていたわけではない。しかし、右の昌益の社会批判は、江戸商人が領内に入り込み、領主と結びつきながら大豆を買いあさり、農民たちも値につられて大豆生産にのめり込み、その結果飢饉で餓死・疫死していった無惨な姿を昌益自身が見ていたことの投影であるのは確実だろう。

農民が飢饉から免れるためには、商品貨幣経済から解放され、「転道」（天道）にしたがって、本来の自給自足的な生活に立ち戻ることしかない、という考えを強くしていったのは、きわめて自然な思想の軌跡であったのだと思われる。

しかし、世の中の流れは昌益のめざす「自然世」とは全く逆の経済社会化へと推移していったのが、独特の難解な文体はともかく、昌益を忘れられた存在にしてしまった理由であろう。それがかえって現代の市場経済や近代文明の行き詰まりのなかで、昌益の思想は新たな蘇《よみがえ》りをみせているのである。

三　飢饉と市場経済

盛岡藩の為御登《おんのぼせ》大豆

寛延二年（一七四九）の猪ケカチにも、すでに全国市場と結びついて特化された換金作物＝大豆の生産という経済問題がからんでいた。本州北端の辺境藩といえども全国経済の網の目に組み込まれていた。この地域が激烈な飢饉体験を迫られることになる天明の飢饉では、いっそう大豆生産の弊害が現れたように思われる。

盛岡藩の五戸通《ごのへどおり》（青森県三戸郡、通は代官行政区のこと）の天明の飢饉記録に、馬町宿老《しゅくろう》の弟某が書いた『飢歳凌鑑』がある。このなかに大豆生産に翻弄される農民のすがたが指摘されている。

天明三年（一七八三）の一〇年以前から、年によって諸作に出来不出来があって、年々相場が狂い上がるようになった。なかでも大豆は、上様《うえさま》（盛岡藩主）が格別の買い上げをするために、大豆の値段が景気づいた。上様による買い上げ大豆は昔から定例となっていて、当所（五戸通の代官所管内）では一五〇〇石であった。ところが一〇年前から買い上げ石数が急激に増え、御側《おそば》買い上げといって藩主手元金による買上げを名目に市中での買い上げ、あるいは買い足しなどと称して、凶作前年の天明二年には五五〇〇石にまでなっていた。

そうなると、買い上げ方も横暴になってきて、町相場よりもかなり安く買い上げ、しかも一斗升で大豆を量るさいにぎゅうぎゅうに詰め込んで、町の売買ならふつう四斗とされる量が三斗五升ぐらいにしかならなかったという。当初は大豆景気に沸いて、それぞれの経営力に応じて「飯料畑《はんりようばたけ》」を詰めて大豆畑を多くしてきたが、やがて藩による独占的な買いたたきの圧力が農民たちを苦しめることになったのである。この状態を『飢歳凌鑑』は「大豆に疲れ」と表現していた。

天明三年の大凶作には、味噌《みそ》の貯えがないために人馬が多く死ぬことになったと述べているが、自給用の大豆も確保できないほどに天明二年の買い上げが徹底していたことを示している。しかも稗や粟の雑穀の生産面積も減らしていたから、大凶作になったときにはほとんど農民の手元に前年度産の雑穀が残っていなかった、ということになろう。

役替えで新しくやってきた代官の姿勢にも大きな問題があった。天明三年の七月下旬、藩はきびしい穀留《こくどめ》を実施した。これは、風雨が降り続き秋の収穫がおぼつかないので、凶作のときの御救《おすくい》のための措置かと思っていたら、違っていた。

穀留役人が吟味のために村を回っていたが、それは「八戸出入役所の御救」と批判をあびていることからすれば、おそらく藩が穀留した雑穀を相場より安く買い上げ、高値をねらって領外に売却し利をあげようという魂胆であったようだ。藩や代官の関心がどこを向いていたか、凶作への懸念などは微塵《みじん》もなく、商品を右から左へ動かすことで儲けようという意識だけが働いていたように思われる。

盛岡藩奥通の大豆は、一七世紀後期にも陸奥湾沿いの野辺地《のへじ》から海峡を越えて松前に売られたり、前述のように八戸領を経由して江戸方面に売られていた。一八世紀に入ると大坂市場とのパイプがぜん強くなった。

そのきっかけをなしたのが、幕府が正徳《しょうとく》五年（一七一五）に発令した長崎貿易向け御用銅の大坂回送であろうか。盛岡藩は翌年から尾去沢《おさりざわ》銅山（秋田県鹿角《かづの》郡）など三山で産出される粗銅（荒銅）を一定量、精錬するために大坂に送るよう義務づけられる。当初は水運を使って能代《のしろ》、石巻《いしのまき》、および野辺地の三港から出されたが、明和《めいわ》二年（一七六五）に尾去沢銅山が藩営になるとともに、大坂の雇船で野辺地から積み出すことが多くなった（『野辺地町史』通説編一）。

野辺地港からの銅積み出しには、藩が各通で買い上げ野辺地に集荷した大豆も合わせて船積みされた。この大豆を大坂為御登大豆と呼んでいる。ちなみに、『永記録』（『野辺地町史』資料編一）によると、安永《あんえい》三年（一七七四）の大坂平野屋伝兵衛の船が積み込んだのは、荒銅五万一三七五斤（二〇五石五斗）と大豆一二五〇俵（五〇〇石）であった。

先の『飢歳凌鑑』の記述と合わせて考えると、銅山が藩営化された明和二年以降になって、とくに大坂仕向け大豆の藩による集荷独占が強化されていったと捉えてよいだろう。天明の飢饉後もこの地域の大豆特産地化がさらに進み、大坂市場では南部大豆の銘柄が成立していくことになる。

仙台の安倍清騒動

東北地方の米産地も当然南部大豆の例に似たような状況があった。仙台藩の天明の飢饉の場合を取り上げておこう。刈田郡曲竹村《かったぐんまがたけむら》の肝入《きもいり》（他藩でいう庄屋・名主《なぬし》のこと）が書いた『天明三年癸卯《きぼう》大飢饉記録』（『蔵王町史』資料編Ⅱ）に、仙台城下で起きた天明三年（一七八三）九月のいわゆる安倍清《あべせい》騒動のことが出てくる。

仙台藩は二日町の大黒屋清七の見世《みせ》に「穀産処」を設け、「払米《はらいまい》」といって市民向けに米を販売させていたが、「急渇之者《きゅうかつのもの》」がたくさん押しかけて、押し合いのなかで死人が出るありさまであった。九月一九日、米を買えなかった者たちが、中瀬河原に数千人集合した。その夜、木町《きまち》通一番丁西北角の安倍清右衛門屋敷内に、その群衆が押し込み、御門、玄関、表塀、裏長屋を微塵に打ち破ったというのである。

どうして安倍清右衛門が城下住民の目の敵になったのだろうか。安倍はもともと商人であったが、献上金によって武士に取り立てられた金上侍《かねあげざむらい》で、藩では出入司《しゅつにゅうづかさ》という藩の財政方の要職にあった。商人が勘定《かんじょう》奉行《ぶぎょう》や家老に取り立てられるケースは他の藩でもとくに珍しいわけではない。

天明二、三年当時には安倍は番頭格で「御納戸《おなんど》金倍合方係《きんばいごうかたがかり》」であったようだが、自ら三〇〇〇両を献上し、それも加えた御納戸金を運用して、手先の商人を使い、領外に米が出ていかないよう郡村留《ぐんそんどめ》を実施して、強制的に米を買い上げ、それを江戸に回米してもうけようとした。そのために国元の米が「不自由」（流通不足）になっており、天明三年の端境期《はざかいき》には米価が急騰し、米を買えない人たちが仙台城下にも人為的に作り出されてしまったのである。安倍屋敷の打ちこわしには、そのような背景があった。

仙台藩の買米の歴史は寛永期《かんえい》（一六二四〜一六四四）頃までさかのぼるようだが、一八世紀前期の仕法では、買米本金を春・夏の時期に農民に貸下げし、秋の収穫期に米を納めさせて決済するかたちであった。しかし、宝暦の飢饉によって買米本金を準備することが困難になり、宝暦七年（一七五七）に前金による買米が中止に追い込まれている。その後は大坂商人から借金し現金買による買米に移行したが、資金のやりくりができずうまくいかなかった。盛岡藩米など他領から江戸に入る米が多くなり、米のだぶつき現象が米価の低迷を招き、それが買米制を行き詰まらせたのであった。そのようなな時に自らの手腕で強引に買米を推進しようと登場してきたのが安倍清右衛門であった。

飢餓移出と三都資本

天明二年（一七八二）産の米がほとんど江戸に回され、翌三年の端境期がこのような米不足状態であったところに、大凶作が襲ったらどのようになるか。仙台藩の財政政策を論じた中井信彦は『転換期幕藩制の研究』で、飢餓移出という言葉を使っていた。

結末はすでに述べてきたように、飢饉の地獄絵の惨状ということになってしまうだろう。飢饉というのは、盛岡藩の大豆生産地帯であれ、この仙台藩の場合であれ、前年度産の穀物のほとんどが端境期までに大坂や江戸市場に回送され、今日でいういわゆる持ち越し在庫米（古米）を持たなくなってしまった地域で、被害を甚大にしていたことになる。

したがって飢饉の本質は市場経済の陥穽《かんせい》にはまってしまった、地域社会の機能麻痺《まひ》という経済現象そのものであった。凶作がきっかけであれ、飢饉は作りだされたものである。その意味において、飢饉を人災、政災というのは正しい。

ではなぜ、仙台藩はなりふりかまわず、餓死者を生み出す危険性を顧みず買米・回米に突き進んでいかなければならなかったのだろうか。

仙台藩は表高六二万石であるが、実際の生産高は一〇〇万石近くもある大藩であった。江戸の住民の食料は仙台米にかなり依存していたといってよい。多少オーバーかもしれないが、江戸米の三分の一は奥州米（仙台米）といわれており、回米高は二〇万石前後で諸藩中最多であった（鈴木直二『徳川時代の米穀配給組織』）。しかし、仙台藩は幕府への手伝普請《てつだいぶしん》などの負担も重なって、明和七年（一七七〇）には借金六〇万八六〇〇両余、借米二万四二〇〇石余という藩財政の窮乏に陥っていたといわれる（中井前掲書）。このような窮状のさいには、三都の豪商に資金調達を頼まざるを得ないのが大名経済であった。

仙台藩といえば大坂の升屋《ますや》が有名であるが、升屋は寛政一一年（一七九九）以来仙台藩の蔵元《くらもと》となり、同藩の江戸回米を資金的に牛耳り、仙台の米は升平《ますへい》（升屋平右衛門）とまでいわれた商人であった。升屋との関係ができはじめたのはすでに宝暦年間（一七五一〜六四）の頃からであったようだが、京都の大文字屋《だいもんじや》など三都の商人資本に借金が嵩《かさ》んでいる以上、飢餓移出になる危険がわかっていても回米を強行していくほかなかったのが、天明飢饉当時の仙台藩の実情であった。盛岡藩の大坂への為御登大豆も、大坂商人との金融関係が当然からんでいたとみなければならない。

藩経済の枠組みを越えて全国的に展開する三都資本のもとに、大名財政、地域経済が従属的な地位を強いられていたところに、飢餓移出の構造が潜んでいたといってよいだろう。

回米に反対する

安倍清右衛門が襲撃されたのは、米の流通不足を作り出した元凶だと認識されたからだが、回米そのものを阻止しようという騒動も発生していた。天明三年（一七八三）七月の弘前藩で発生した青森町の騒動はその典型的なものといえよう。

七月二〇日、「端々の者《はしばし》」といわれる下層の住民たちが大勢集結し、売り惜しみする米持ちの商人一一軒ほどを襲い、家・蔵を潰し、家財道具を打ちこわして歩いた。盗賊がましいことは一切なかったから、売り惜しみする商人に対する社会的制裁が目的であった。また、騒動勢が自主的に町家の穀物改めをしていたことが明らかにされてきている（岩田浩太郎「都市騒擾と食糧確保」『民衆運動史』3）。

この騒動は、米の安売りを求めるだけではなく、回米中止が中心的な要求となっていた。弘前藩においても、六月頃からの天候不順にもかかわらず、前年度米を江戸や上方につぎつぎと津出ししていた（『編年百姓一揆史料集成』五）。弘前藩の飢餓移出的な構造はすでに元禄の飢饉のときにもはっきりと見えていたが、同じことが天明の飢饉にも繰り返されたのである。

回米により領内の「孕米《はらみまい》」（滞留米）が不足するに伴い、端境期には米価が高騰し、下層住民に大きな打撃を与えた。青森の住民は自分たちの食料確保のため、回米の差し止めが命綱だと認識したわけである。公定値段の米小売を認めさせるなど闘いの成果はあったが、藩は七月下旬、米を積んだ船二艘の出帆を強行した。時はすでに遅く、津軽地方の中でも青森やその周辺地域は、その後とくに凄《せい》絶《ぜつ》な飢饉状態となったことは、橘南谿の見聞により前述した通りである。

弘前藩では、青森と並ぶ積出港であった鰺《あじ》ケ沢《さわ》でも、打ちこわしにまでは至らなかったが、七月二二日町中の者が集まり、同様の回米差し止めを要求していた。さらに騒動は深浦に波及し、七月二七日夜二人の商人が打ちこわしにあっている。回米に米不足の元凶があることは領内の誰もが知っていたことだった。

江戸と幕領農村

藩と三都の関係のみならず、諸国の幕領においても地方と江戸の関係は利害がぶつかっていた。天保の飢饉のさいの越後の出来事であるが、室野村（東頸城《くびき》郡松代《まつだい》町）の『亀斎留書』（『新潟県史』資料編六）によると、天保四年（一八三三）は諸国悪作のため江戸表の米繰りがむずかしくなっており、幕府は諸国に回米をきびしく命じた。それまで年貢を金納してきた松之山《まつのやま》郷二八カ村にも物成米《ものなりまい》（年貢米）の回米を要求してきた。松之山郷は夫食米《ふじきまい》拝借を願うほどの悪作であり、回米はとうてい受け入れられないことであったから、代官に願ったり、翌年正月村々の代表が江戸に出府して、回米御免を勝ち取っている。

ついでに、天保七年の凶作のときのことも紹介しておこう。食料が欠乏する松之山郷では、代官からの拝借米では足りないと考え、高田藩に貯えられている城詰米《しろづめまい》を拝借することを思いつき、代官にも伺い江戸に出府して願うことにした。しかし、諸国の大名城詰米は三割方江戸回しになっており、拝借は結局できなかった。信州中之条では、代官に願って諏訪城の城詰米の拝借に成功しており、松之山は手遅れになったと悔やんでいた。

城詰米というのは、不時の入用のため幕府が譜代藩に預け管理させていた備蓄米のことである（柳谷慶子「江戸幕府城詰米制の機能」『史学雑誌』九六巻一二号)。この城詰米にせよ、右の回米にせよ、幕府の姿勢は将軍権力の膝元である江戸の米を最優先していかに確保するかに最大の神経を使っており、巨大都市江戸と地方幕領農村の地域利害の対立を読み取ることができよう。

それだけではない。江戸と大坂の関係も回米をめぐっては対立関係にあった。江戸の打ちこわしは、享保《きょうほう》一八年(一七三三)正月が最初であるが、西国飢饉のため江戸から大坂に米が回送されたために江戸の米価があがったことが原因で、回米に関わった高間伝兵衛《たかまでんべえ》が標的となった。

また、天保八年(一八三七)二月の大坂の大塩平八郎《おおしおへいはちろう》の乱も、大坂から江戸への回米が背景にあった。江戸を最重点とせざるをえない幕府自体が抱え込む矛盾であった。

四 都市社会への影響

米価の長期低迷

一八世紀は米価低迷の時代であったと考えられている。米将軍徳川吉宗《とくがわよしむね》の時代、新田開発がさらに進み、米余り現象が出てきたからである。山崎隆三『近世物価史研究』によると、大坂の市中米価(一二月現在)は、元文《げんぶん》元年(一七三六)から文政八年(一八二五)にかけての九〇年間には、米一石あたり銀五〇匁ないし六〇匁で推移し、相場の乱高下がみられず落ち着いていた。また、江戸の市中米価も一石あたり金一両前後の横ばい傾向を示していた。

このような長期にわたる米価の低迷が、年貢米に依存する幕・藩の財政を苦しいものにした。前述の仙台藩における前渡し金による買米制の行き詰まりがそれをよく示していた。一八世紀後期になると、農家が潰れ、耕作放棄される土地が出てくるが、それが年貢収奪の減少につながる農村の荒廃であるとして領主の危機意識を募らせていく。

ただ、その一方で、米価が安値で安定していたのは、非農業的産業で働く人たちには好都合なことであって、商工業や社会的分業を展開させていく起動力になっていた点を過小評価してはならない。食足りてこそ産業発展や都市文化の開花が可能であったのである。

米価横ばいとはいっても、天明期には大坂の場合、筑前米一石の値段が天明元年（一七八一）五三匁、同二年七三・一匁、同三年九二・五匁、同四年七〇匁、同五年五五匁、同六年九五・五匁、同七年七七匁、同八年六三匁、となっており、天明三年と同六年に急騰していたことがわかる。天明二年に米価の高騰傾向がみられるが、諸国四割の減収といわれ、とくに西国がよくなかった。

翌三年の端境期にかけて、弘前藩・仙台藩など東北諸藩がこの米価上昇に引きずられて、根こそぎ領内の米を急ぎ大坂・江戸へ回米して儲けようとしたのが裏目に出て、同年秋の大凶作により大飢饉になってしまった。もし、天明三年秋作が大凶作でなかったなら、東北諸藩は米景気で大いに潤っていたのかもしれないのである。

飢饉時の米価急騰

また、飢饉時の短期的な米価変動は、長期的な変動とは別の深刻さを民衆生活に及ぼしていたことを見逃してはならない。仙台城下を例に、天明の飢饉と天保の飢饉のさいの月ごとの米価の動きを、『天明三癸卯凶年　天保四癸巳凶年』（阿刀田令造『天明天保に於ける仙台の飢饉記録』）という史料によってみてみよう。

天明の飢饉の場合の白米一升あたりの値段を示すと、天明三年（一七八三）七月五〇文、八月八五文、九月～一一月一三五文、一二月一六〇文、同月半ば一八五文、天明四年一月二〇〇文、閏《うるう》一月～三月二五〇文、四月二八〇文、五月三〇〇文、六月三三〇文、七月古米二〇〇文・新米一八〇文、以後下落し、一一月には六〇文になっている。

これをみると、短期的には異常な急騰をみせていたことが判明する。仙台城下の住民が諸物価高値になり、にわかに動揺しはじめたのは天明三年八月一八日からだとされる。仙台で安倍清騒動が発生したのは九月のことであったが、確かにこの時期に上がりはじめ、住民に米が買えるかの心配が高まったところで打ちこわしが発生していたことになる。飢饉状態に陥るのを回避するための必死の行動であった。しかし、米値段の推移をみると、それ以降に急激な値上がりをし、年を越すとさらにはねあがり端境期の六月にピークを迎えている。約六・六倍の米価となっていた。

天保の飢饉の場合も白米一升の値段を同様に示してみると、天保四年（一八三三）の凶作年には、

天明3年7月〜4年12月、仙台藩（仙台城下）における米価の変動

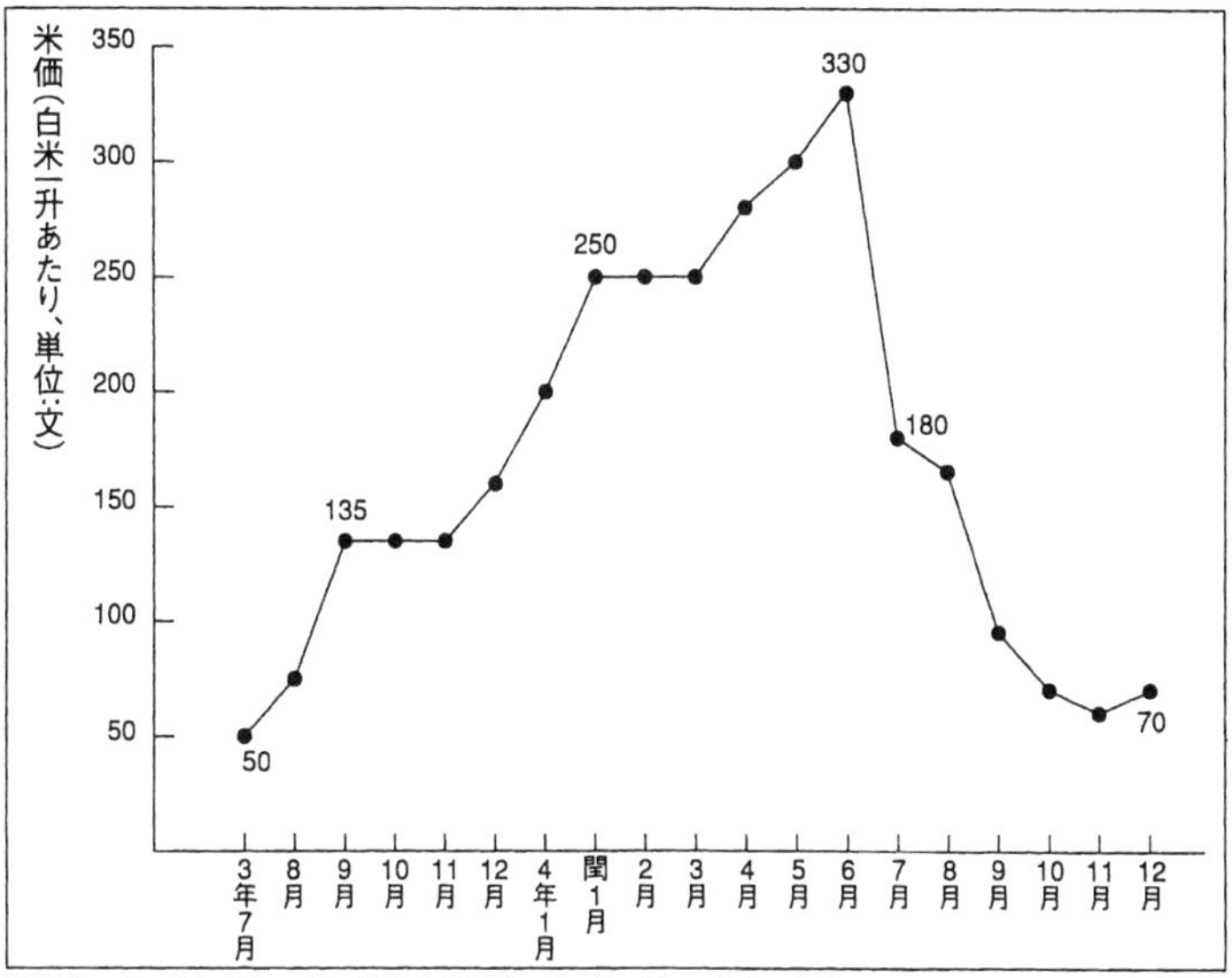

資料:「天明三癸卯凶年 天保四癸巳凶年」（『天明天保に於ける仙台の飢饉記録』所収）

同年七月七八文、八月八七文、九月八八文、一〇月一一〇文（新米一二〇文）、一一・一二月一二五文（新米一三五文）、翌五年一月一四五文、二月一六〇文、三・四月一七〇文、五・六月一八〇文と、約二・三倍の上昇となっている。また、天保期被害がいちばん大きかった天保七年の凶作では、同年六月一一五文、七月一二五文、八月一八〇文、九月一三三文、一〇月～翌年七月三八〇文、八月新米二〇〇文という変動で約三・三倍の高騰となっている。一〇月以降高値のままであるが、それ以上に上昇しなかったのは、仙台藩が町人に御用金を出させて、松前や上方から他所米を買い付けさせたのが効いているだろう。

　米価がこのように平時の六倍、あるいは

三倍にはねあがったら、その日暮らしの者たちにとって、米を買うことは当然できない。凶作による短期的な米価急騰が都市住民の暮らしを直撃したことは間違いない。都市内部からも飢人が発生し、餓死・疫死した者がみられた。しかし、それでも農村部に比べると飢饉死者が少なかったのは、幕藩領主の支配の拠点が都市にあり、その都市を崩壊させないために米・食料が集まるような政策を取り、都市住民に対する領主による払米・救米、あるいは町人・寺院による施行《せぎょう》が、農村以上に手厚くなされたからであった。

連鎖的な米騒動

米価高騰による都市住民の食料確保、生命維持のための闘いが都市の騒動・打ちこわしを特徴づける性格であった。米穀経済が三都・城下町と地方・農村とをはりめぐらす流通ネットワークのうえに成り立ち、しかも諸産業が展開してくる近世後期ともなると、米価高騰という現象はひとつの地域、ひとつの藩で完結する問題ではなく、すぐれて全国的な様相を帯びている。したがって、都市の騒動・打ちこわしは大凶作になれば、全国各地で連鎖反応的に、同時多発的に起きやすくなる。

都市の打ちこわしは、享保一八年（一七三三）の江戸で発生したのが早い時期の例といえるが、全国的発生ということになると、天明三年（一七八三）、同七年、天保四年（一八三三）、同七年、同八年、および慶応《けいおう》二年（一八六六）、といった多発年があげられる。慶応二年は世直し騒動という側面をもっているが、その年も凶作で米価高騰が引き金になっていた。いずれの多発年もその年の凶作、あるいは前年の凶作がからんでいる。農民の一揆発生も同様の傾向をもっていたのはいうまでもない。

江戸の打ちこわしは天明七年（一七八七）五月二〇日に発生しているが、『編年百姓一揆史料集成』六によると、五月だけでも一〇日摂津《せっつ》国木津村、一一日筑前《ちくぜん》国秋月町、一二日摂津国大坂町、同日和泉《いずみ》国堺町、一三日紀伊《きい》国和歌山町、同日大和《やまと》国郡山町、一四日大和国奈良町、一五日摂津国茨木町、同日伊予《いよ》国吉田町、一七日河内《かわち》国泥町、一八日肥後《ひご》国熊本町、一九日肥後国川尻町、二〇日武蔵《むさし》国江戸、同日武蔵国岩槻、同日安芸《あき》国広島町、二二日越前《えちぜん》国福井町、同日肥後国宇土《うと》町、二六日駿河《するが》国駿府《すんぷ》町（静岡）、二七日下総《しもうさ》国千葉町、二八日肥前《ひぜん》国長崎町で、日ごとにつぎつぎ発生していた。

この他にも、同月に武蔵国神奈川宿、甲斐《かい》国甲府町、摂津国尼崎町・兵庫津、和泉国佐野町、大和国五条町・今井町・三輪町・丹波市《たんばいち》、山城《やましろ》国伏見町・木津町・笠置《かさぎ》町・淀町、長門《ながと》国下関町、筑前国博多町・甘木《あまぎ》町、筑後国久留米町などでも起こっていた。六月になると奥州の福島県域、越後でもみられた。

これからすると、打ちこわしの動きは、大坂周辺の近畿地方から始まり、またたくまに関東や中国・九州にひろがり、最後にその周辺に波及し、終息に向かったといえるだろう。天明三年に打ちこわしが発生した東北地方では福島県域と石巻を除けば、比較的平穏であった。東北諸藩は天明三年の飢饉に懲りて、米の津出しをやや控えたのが幸いしたが、そのことは逆に上方・江戸に影響を及ぼしたのである。

江戸の打ちこわし

この一連の米騒動のなかで、江戸の打ちこわしは将軍のお膝元で起きたというばかりでなく、規模や激しさという点においても群を抜いていた。数日のうちに千住から品川まで市中全体に及び、米屋など打ちこわされた家は五〇〇軒余り、あるいは一〇〇〇軒近くに達したという。

おりしも、幕府内部では田沼意次《たぬまおきつぐ》派と松平定信《まつだいらさだのぶ》派の権力闘争が繰り広げられており、打ちこわしの責任を田沼派に押しつけるかたちで、定信が老中《ろうじゅう》として政権の座についた。いわゆる寛政の改革のはじまりである。その改革の柱のひとつが、後述する都市の危機管理システムの構築であり、飢饉・米騒動対策の大きな転換点となっていく。

江戸の打ちこわしの主体は、町奉行所によって逮捕された者たちの取り調べ記録によって、ある程度うかがうことができる（『編年百姓一揆史料集成』六）。職業としては、左官、足袋《たび》屋、手間取《てまとり》、武士方雇、提灯張《ちょうちんはり》、時の物商い、肴《さかな》商い、日雇稼ぎ、前栽《せんざい》商い、蒔絵《まきえ》職、髪結《かみゆい》、屋根葺《やねふき》、真木《まき》商い、船乗り、建具商売といった人たちで、大工渡世から無宿になった者、町方奉公から店持《たなもち》になったものの店をやめた者もいた。店借《たながり》として裏長屋に住み、軽き者あるいはその日暮らしの者といわれる職人、小商人たちが大挙参加していたのが大きな特徴であった。

深川六間堀町の店借彦四郎（三二歳）の打ちこわし参加のいきさつは次のようなものであった。天明六年（一七八六）以来米穀の値段が高く、妻子を養えない状態だった。同所森下町家持《いえもち》の伝次郎は米、乾物類を商売しており身上がよくみえた。そこで、誰が発言したとでもなく、店借の者たち八人が一同相談し、五月二〇日の夜伝次郎方に押しかけ「合力《ごうりき》」を申し入れた。手代の十蔵というのが出てきて、伝次郎が留守なので明朝まで待ってくれと挨拶《あいさつ》した。これでは埒《らち》が明かないと判断し、申し合わせどおり家の中に踏み込み、見世《みせ》、建具、家財等を打ちこわしたというのであった。逮捕された八人のうち、彦四郎を除く七人は牢《ろう》の中で病死しているが、盗心があったのではないかと厳しく追及されていたから、事実上殺されたものであろう。

この他にも、いきなり打ちこわしというのではなく、前段階に「合力」「金子《きんす》合力」を求め、それが拒否された場合に制裁行為に出るという例がある。もちろん、付和雷同的に参加した者も少なくなかったが、同じ町の中で富者は困っている窮民を助けなくてはならないという扶助意識が働いていたのは間違いない。これが富者からみれば、「ねだり」の不法行為とされたのである。

米騒動・打ちこわしというかたちで、店借の者たちが実力行動しはじめたのは、やはり新しい時代の到来を意味していた。参加者には江戸の内部で世代を重ねてきた者たちが多かった。その中に周辺農村などから流入してくる者たちを吸収しながら、都市下層社会が自己主張しはじめたことをはっきりと物語るものであった。

幕府はもはやこの下層社会の動向を無視しては、都市の安定的維持ができないと認識せざるをえなかった。飢饉による農村の荒廃問題と合わせ、寛政の改革の焦眉《しょうび》の課題となったのである。

第四章　飢饉回避の社会システム

一　生産現場の備え

晩稲禁止令

凶作・飢饉に対して人々は必ずしも無力ではなかった。それを凌《しの》ぐための知恵や助け合いがあり、社会的な仕組みとか制度を発展させてきた。また、事前の備えについても、さまざまに工夫を重ねてきた。まずは生産の現場から考えてみよう。

稲作についていえば、冷害や旱害《かんがい》に強い品種であることが、凶作対策の観点からは第一に重視される。今日でも依然として耐冷品種の改良が求められている。しかし、実際の米づくりにおいては、食味がよく高く売れることが最大の条件で、単位面積あたりの収量の多いことが望まれる。

もとより江戸時代においても米は最大の商品であったから、凶冷対策を優先させるか、それとも市場を優先させるかの綱引きのなかで生産されていたといってよいだろう。

盛岡藩の法令集である『御家被仰出《おいえおおせいだされ》』（『藩法集』9）のなかに、安永《あんえい》二年（一七七三）一二月に再令された豊後稲《ぶんごいね》禁止令が収められている。

それによれば、藩はこれまでも豊後稲は気候不順の時には甚だ不出来で損毛《そんもう》になるので、作付けしないように命じてきたが、それが守られていない。農民たちは、秋になってよく熟せば実取りのある稲だとして勝手次第に植えているようだが、それは心得違いである。来春植えた者がいれば出穂の節吟味し不調法に申し付けるという趣旨であった。領主側としては、晩稲《おくて》である豊後稲の作付けを抑制し、冷害のリスクを多少でも軽減したいという気持ちが働いていた。

しかし、農民たちはその後も経済的メリットから植え付けたようで、天明三年（一七八三）の凶作の時大被害を受けてしまった。この年、早稲《わせ》・中稲《なかて》はある程度実ったものの、刈取りの遅い晩稲は全滅だった。農民はこれに懲りて豊後稲を作らなくなったという（『飢饉考』）。壊滅的な凶作でも経験しないかぎり、利益優先の考えは改められなかった。

豊後稲は北上《きたかみ》川流域の米どころで広範に作付けされていた。仙台藩の江刺《えさし》地方でも凶作の危険が高いとして、宝暦《ほうれき》四年（一七五四）に豊後稲作付け禁止令が出されていたことが知られる（『江刺市史』五　資料編近世Ⅳ）。宮城・岩手両県では明治期の米の品種名として豊後稲を見出せるから、農民たちはその豊作時の有益性を捨て切れなかったのであろう。

弘前藩でも、元禄一六年（一七〇三）に「岩川《いわか》」という晩稲の品種の植え付けを抑制し、早稲を奨励することがあった（『弘前藩庁日記（国日記）』）。岩川は上作の年には作徳が多いことで好まれていたが、条件の悪い水田でも植え付けられ、元禄八年（一六九五）、同一五年の凶作で損害が大きかったことから、こうした対策が取られたものであった。

郡《こおり》奉行の見積もりによれば、津軽郡作付け高二一万三〇〇〇石余のうち六分の一の三万五〇〇〇石を早稲植え付けにしよう、というものであった。飢饉後だからこのような早稲奨励となるが、いつも凶作対策を優先させていたわけではない。弘前藩の岩川であれ、盛岡藩の豊後であれ、年貢米や買米が藩経済の基本であってみれば、多収穫の晩稲は平時にはむしろ好ましくさえあったからである。

篤農と農書

農民はこのように経済的メリットのある晩稲種に走る傾向にあったが、それでも凶作対策をかなぐり捨てていたわけではない。村には土地に適した稲作りをよく心得た人がいて、村人たちを指導する立場にあった。篤農とか老農とか呼んでいるが、気候、品種、土性、用水、肥料のことなど、農事全般について経験的な知識を有していた。

『耕作噺《こうさくばなし》』という農書を安永五年（一七七六）に書いた弘前藩の中村喜時《なかむらよしとき》もそうしたひとりであった。喜時はある老人に語らせるかたちで、津軽の風土について、「春遅く秋近く、夏中不時に冷気あり」と述べ、「せんふく」という晩稲を作って被害に遭い潰《つぶ》れた百姓を引き合いに出しながら、冷害に備えて早稲を大切にすべしと論じていた。また、気候が不安なときには、田植えを早めたり、苗を薄《うす》植えから厚植えにしたり、苗の間隔を遠植えから近植えにするのがよいなどと、細かい注意を与えていた。

「学者の農書」に対して、「百姓の農書」あるいは「農民の農書」という言い方がなされる。農業史家古島敏雄はそのことを明確に意識した研究者であった（『古島敏雄著作集』五）。中国農書に権威を求める儒学者の翻訳知識と対比させるかたちで、地方《じかた》農書のその土地に合った経験的知識を農民の自発的な営みとして評価していこうというのが、戦後を迎えた古島の研究の出発点だったと、自身述べていた。『耕作噺』はその代表的な農民の農書のひとつに取り上げられていたのはいうまでもない。

江戸時代の農民が書いた農書は多い。『日本農書全集』に収録されているだけでもかなりの数である。農書という一冊の体裁をとらなくても、農事日記、凶作記録というものまでも含めると、農事に関する文字化された経験的知識の情報量には圧倒されるものがある。

瑞穂《みずほ》の国日本、農耕民族日本人という自画像は、この三〇年か四〇年の間にあまりにも急激に衰退してしまった。自縛的イデオロギーとして語られるのはもう御免であるが、本当に伝統に学ぼうというのであれば、農業に注がれてきた叡知を農書からさまざまに読み取り、自然との共生など現代が抱える農と食の問題に生かしていくことではなかろうか。

品種の多様性

現在では、コシヒカリやササニシキなどごく限られた品種が作付けされている。江戸時代にも有力な品種が存在していたのは確かだが、それぞれの地域で土地柄に合った品種をたくさん持っていたのが特徴だった。さまざまな気象異常にそれなりに耐えうる危険分散が農民の知恵であった。

『耕作噺』を例にとると、津軽地方には当時二〇種類、あるいは三〇種類もの稲の種類があり、早稲・中稲・晩稲の区別はさらに極早稲・早稲・中稲・中晩稲・晩稲・極晩稲に六区分できるといっている。

晩稲として、いわか（岩川）、かどせ、せんふくなど六種類、中稲として大いわか、黒ひげなど六種類、早稲として白ひげ、山てらし、赤もろなど一一種類をあげている。

早稲の赤もろはジャポニカの赤米品種であるが、喜時が風土に合った「根の津軽米は赤米」といっているのはこれであろう。早稲は一般に赤米の粒が混じりやすく、商品価値としては低く扱われ、弘前藩は赤米、あるいは赤米混入の年貢上納を、よほどの凶作時以外には認めようとしなかった。

明治期に入っても多品種の傾向は変わらない。『明治三十八年宮城県凶荒誌』には、明治三八年（一九〇五）凶作時の品種ごとの坪刈りの結果が掲載されているが、早稲・中稲・晩稲を合わせて二百数十種にも及ぶ品種があげられていた。江戸時代から自然変異種を選択したり、他の地方の種子と交換しながら種類を増やしてきたものであった。

ただし、宮城県の場合でも有力品種があり、「愛国」という種類の晩稲がたくさん植えられていた。この愛国は、明治一五年（一八八二）頃、静岡県の賀茂郡青市村高橋安兵衛が「身上起」という晩稲から選び出した「身上早生」にはじまり、その種子が明治二二年に宮城県館矢間村に送られ、翌年同村の窪田長八郎によって試作され、やがて愛国の名前で急激に広まったものといわれている（『日本農業発達史』二）。しかし、三八年の凶作で大打撃を受けたので、その後は県北を中心に「亀の尾」に転換され、その期間がしばらく続いた。

亀の尾というのは、山形県東田川郡大和村の阿部亀治が明治二六年に得た三本の冷立稲《ひえだち》から作り出したもので、冷害に強かった（『日本残酷物語』1）。亀の尾と愛国が交配され陸羽一三二号（愛亀）ができ、これからさらに農林一号が作り出されていった。それは品種改良の歴史が篤農から農事試験場に移行されていく過程でもあった。

稗《ひえ》の文化

凶作の備えの歴史を考えた場合、稲中心の見方では一面的になってしまう。稲作をいわば陰で支えてきた作物が稗《ひえ》であった。稗は一般に貧しい人たちの食べ物で、米を作る農民もハレ以外の日には稗・粟《あわ》などの雑穀を食べるものとされてきた。水田に稗穂を見つけるならば、たちまち雑草として抜かれた。今日では人の食べるものではなく、小鳥の餌《えさ》くらいにしか思っていない若者も少なくない。

このように稗のイメージはよくないのだが、その果たしてきた役割に正当な評価を与えなくてはならない。まず、稗は畑に栽培されるものと思っているが、寒冷地の水田で稲がよく育たないところでは稗を植えてきた。

東北北部の奥羽山脈や北上山地、あるいは下北などで明治三〇年代頃までは、もっぱら稗を植えてきた地域があり、ふだんの食料となり、稗で作った稗酒もこしらえられていた。稗栽培・稗食文化は津軽海峡を越えてアイヌ社会にも広がっている。

大凶作で種籾《たねもみ》が不足したさいに水田に米の代替として植えられたのが稗であった。天明の飢饉の時などではとくにそうで、水田を耕作しないで荒らしておくより、食料をまず確保するために稗が植えられた。弘前藩では天明四年（一七八四）二〇一九町余の水田に稗を作付けしていた。

稗は籾に比べて長期にわたって保存できることでも優れた食料であった。そのために備荒貯蓄の郷《ごう》蔵《ぐら》には「囲稗《かこいひえ》」などと呼んで、稗が貯えられることが多かった。水戸藩の徳川斉昭《とくがわなりあき》なども天保《てんぽう》の改革で郷村に稗の貯蓄を推進したことで知られている。飢饉を救ってきた稗の役割はまことに大きかったといわねばならない。

柳田國男に『稗の未来』という著書がある。農村更生協会から『稗叢書』の第二輯《しゅう》として昭和一四年（一九三九）に発行されたものである。岩手県の九戸《くのへ》郡を旅行するまでは稗に無学の者だったと告白しながら、稗の歴史と将来を簡潔に述べたものであった。稗は下品でできたない、あるいは栄養力が劣るという思い込みを打ち破り、稗食を工夫し、何の偏見もなく小麦や蕎麦《そば》のように自由に選択できるようにするのが必要だと述べていた。稗粗悪観の克服をいち早く主張していたわけである。

今日、北上山地の村などでは村おこしとして稗・粟・黍《きび》といった雑穀栽培が復活してきている。米より高い値段で売られているのが時代の差を感じさせるが、偏見を超えたところで雑穀食を食文化のなかに取り入れていきたいものである。稗の未来にかすかな希望がみえてきた感じがする。

二　山野河海と救荒食

御救山

山野河海の恵みが凶作時の食料を補完する役割を担ってきたのは、農業社会が確立した江戸時代においても基本的には変わりない。飢えた農民が山野に入って葛《くず》・蕨《わらび》・野老《ところ》の根を掘ったり、トチやドングリを拾って食料とした。それは全国どこでも見られる飢饉の凌《しの》ぎかたであったが、ふだん米を作っている農民たちの場合には、話では聞いていても、実際に根掘りの経験をした者がほとんどなく、労力の割合に能率があがらなかった。

しかも、皆が一度に山野に入ったから立ちどころに取り尽くしてしまい、それだけで生命を維持できる保障はなかった。救荒書に可食植物の処理方法が詳しく書かれているのは、農民の間にその経験知が乏しくなっていたことの表れでもあっただろう。

また、東北地方では、三陸沿岸の昆布やワカメを細かく切り刻んだメノコも、盛岡藩や八戸藩では救荒食としてかなりの量が流通していた。昭和九年（一九三四）の凶作のさい、岩手県は県費で昆布を購入し窮民に施給したというから、海草類の役割も無視できないものがある（『新聞資料東北大凶作』）。

ただし、漁村は海草や魚介類が豊富だから飢饉になりにくいと考えるのは早計である。たとえば、天明四年（一七八四）の八戸藩『鮫御役所日記《さめおやくしよ》』によると、前年からひどい凶漁となり、魚がほとんど獲れず、漁船持でも家族ともども死に絶えてしまう者が少なくなかった。同じ三陸沿岸でも赤魚が獲れたところは飢饉にならず、明暗を分けていた。海水を直接塩釜で煮つめる製塩の労働者である釜手子も餓死し、休釜に追い込まれるケースが多かった。

山林・山野といえども、村ごとの慣習的な用益権・利用権というものがあり、また御山《おやま》・立林《たてばやし》などと呼ばれる藩有林が設定されており、勝手に入って救荒食を得ることができるか、という問題がある。出羽《でわ》本荘《ほんじよう》藩の子吉《こよし》郷の場合を例にあげると、天保四年（一八三三）八月に近隣の鮎川郷および西目郷に対して、「根掘山借用証文」というのを出して、許しを得てから葛根掘りをしていた（『本荘市史』通史編Ⅱ）。村同士で折り合いをつけてから入るのが順序であったと思われる。

天保四年八月の八戸藩『勘定所日記』によると、同藩は代官に対して、百姓が不作により野老・蕨を掘りに行ったさい、山守《やまもり》によって取り押さえられるケースがあるが、邪魔立てせず掘らせるよう指示している。山守は藩の御山の現地管理人であるが、凶作時には藩有林に許可なく、自由に立ち入って草の根を掘ってよいことを意味していた。食料確保が最優先されなければならなかったからである。

飢饉と山野の関わりは非常食の採取だけにとどまらなかった。御救山《おすくいやま》という慣行が東北地方には存在した。とくに盛岡藩では天明の飢饉や天保の飢饉のさいに顕著に見られた。たとえば、天明三年

（一七八三）一一月、花輪《はなわ》代官所の農民たちが、不作助命のため、御山（藩有林）の松木を頂戴し、炭を焼き銅山に売りたいと願い出て許可されている。また、同月野辺地《のへじ》代官所の横浜通《どおり》の農民たちは、御救檜《ひのき》山を下されたいと願い、野辺地港での売却を条件に認められている。こうした願いが、家老席の日記『雑書』によると、天明三年から四年にかけて四〇件ほども藩に申請されていた（拙著『飢饉の社会史』）。

同様の例は弘前藩でもみられる。『永宝日記』によると、天保七年（一八三六）に金木新田《かなぎしんでん》では凶作で米を売ることができず、御救山の檜を鰺ヶ沢《あじさわ》まで持っていって売却していた。

また仙台藩にも類似の例があって、同藩は天保の飢饉のさい救荒食として松皮餅《まつかわもち》を奨励していたので、御林（藩有林）の松木の皮を勝手次第に剝《は》がすのを許していた（『天保飢饉録』）。皮をむかれた松林は枯れ木のように白々として身の毛が立つように思われたといい、往還の松並木の皮まで剝がされたところもあった。いずれも飢饉時の時限措置であったことに特徴があるが、検地によって所有（所持）権が明確に定められた田畑とは違う、山林・山野の公私共益的な性格をみておく必要があるだろう。

飢食松皮製法

飯料の足しとして重要視された救荒食にはどのようなものがあっただろうか。盛岡藩上堂村佐々木宇太郎の『天保四・五年気候書』（『飢渇《けかち》もの』下）には、いろいろな餅のこしらえかたが聞き書きと

くずも救荒植物として貴重な食料だった。
大蔵永常著『広益国産考』（国立国会図書館蔵）

して記され、蕨の根餅、大豆餅、松皮餅、しだみ（どんぐり）餅、ところ（野老）餅、きんぴら餅、にんじん餅、小ぬか餅、きらじ（卯の花）餅、というのが出てくる。しだみはあくぬきして煮上げ、葛とまぜて餅にし、ゆで小豆に入れて食べると、まことに結構なものという評であった。ところは苦みを取れば、餅にしないで飯のかてにしてよいという。いずれにしても、餅状にして食べるのが一番ということであろう。

また、水戸藩の上小瀬《かみおせ》村栗田伊右衛門が書いた『天明飢饉集草稿』(『茨城県史料』近世社会経済編Ⅳ)では、葛、蕨、野老、松のあら皮、の四種の製法を記していた。このうち葛は飢饉第一の食事で養生なりというとらえかたであった。どこの地域でも、およそこの四つが主なものであろう。農学者の大《おお》蔵永常《くらながつね》などは、救荒食としてのみならず葛、蕨、野老の商品化を念頭において『広益国産考《こうえきこくさんこう》』を書いていた。

ところで、国会図書館に松皮餅の作り方を記した『飢食松皮製法』という版本が所蔵されている。大坂の漢学者杉浦益《えき》の識語がある天明四年(一七八四)の版である。最初は享保一八年(一七三三)五月に大坂の井上某が飢渇の患いから書き置いたものという。それを寛保三年(一七四三)に江戸本船町の大倉某が刊行し、さらに杉浦が出したことになる。

この製法書は仙台藩に導入されたことがわかっている。仙台藩江刺郡の大肝入《おおきもいり》の記録かといわれる『飢餲巻』(『飢渇もの』上)のなかに、大倉某の「万世飢食松皮製法」をみることができる。仙台藩の『御用定留』(『宮城県史』31)によると、宝暦五年(一七五五)の凶作を受けて、同藩の江戸買物所御《ご》用達《ようたし》の今中九兵衛が松皮粮食《りょうしょく》の書物を版行したので、五〇〇冊を国元に送り、郡方に配布したとある。『飢餲巻』のものは、その一冊だった可能性がある。

仙台藩では、天保七年(一八三六)の凶作のさいに松皮餅による飢人《きにん》救済をおこなっている。仙台城下大町一丁目の佐藤助五郎と国分町の伊藤幸蔵という商人が、松皮餅による救助を藩に願って認められ、領内の所々に松皮餅引配《ひきくばり》御救助所《ごきゅうじょしょ》というのを設け、飢人に配った。石巻では中町阿倍半右衛門が配ることになり、城下から米の粉、大豆の粉、松皮が日々送られ、餅をこしらえた。九月二一日より翌年五月三日まで、一人につき五つずつの支給であったという（『天保耗歳鑑』）。

佐藤助五郎は献金で武士になった金上侍《かねあげざむらい》（武士名佐藤助右衛門、勘定奉行仮役人御救助方係）で財政方の重職にも就いたが、皆からお助け様と呼ばれて評判のよい人物であった。松皮餅が飢人救済に一役買った事例といえよう。

藁を食べる

山野の食べ物ではないが、救荒食としてよく出てくるものに藁餅がある。天明三年（一七八三）九月に幕府は「藁餅の仕法」（『地方大概集』など）という藁餅の作り方を村々に触れている。関東農村だけでなく、奥州・羽州の幕領農村にも出されていたことが確認できる（「諸例撰要」『問答集』3）。また、幕領以外でも盛岡藩では公儀からの仰せ出されとして代官に書付を渡しているから（『篤焉家訓《とくえんかくん》』）、かなり広まった幕府の御触とみてよい。

それによれば、生藁を半日くらい水につけてあくを出し、砂をよく洗い落とす。穂の部分は捨て、根元の方から細かく刻み、それを蒸して干す。干したものを煎《い》ってから臼《うす》で挽《ひ》き粉末にする。その藁の粉一升に米の粉二合ほど入れて水でこね合わせ、餅のように蒸したりゆでたりし、塩か味噌《みそ》をつけて食べるとよい。あるいはきなこをつけてもよいし、米の粉の代わりに葛・蕨の粉、小麦の粉に混ぜてもよいとしている。

奥州福島地方の農民がこの作り方にしたがって藁餅を食べたところ、「あまたるく口にかすたまり」難儀した（『天明三卯年青立《あおだち》諸色《しょしき》書留《かきとめ》覚帳《おぼえちょう》』）、と書いているところからすると、とても食べられる代物ではなかったことになろうか。

藁でも工夫すれば食べられるというのは、飢えた農民は藁でも食べろ、と言っているに等しい口舌ではあるが、米をどうやって食い延ばしするか、糧《かて》をいかに増量させるか、というのも救荒食に向けられた大きな関心事であった。

天保期になると、藁の食べ方がもっと念の入ったものになってくる。『岐阜県史』史料編近世八に収められている「藁団子製法書写」、長野県上田藩領の『飢《き》饉《きん》之《の》節《せつ》用《もちい》候《そうろう》伝書』に記された「藁餅製方」（『長野県史』近世史料編一（二）東信地方）、および仙台藩の前出『御用定留』にみえる「青立稲之藁食方之事」などである。その作り方は省略するが、このうち仙台藩の事例は、桃生《ものう》郡相野谷《あいのや》村の百姓善右衛門が、天保七年（一八三六）大不作のおり、青立ち藁を食料にするためにいろいろ試してみたところ飢えを凌ぐことができるとわかり、その製法を諸人助けのため代官に申し上げ、藩がそれを取り上げ村々に触れることになったものである。救荒食の極みを藁食に見ることができるだろう。

本草学と救荒食

一八世紀後期になると、松皮餅や藁餅に限らず、救荒食・救荒植物に関する書が著されるようになる。その画期的な仕事となったのは奥州一関《いちのせき》藩の医者建部清庵《たけべせいあん》の『民間備荒録《みんかんびこうろく》』（『日本農書全集』18）といってよいだろう。清庵は『和蘭医事問答』によって杉田玄白との交流でも知られる人物であるが、学者として宝暦の飢饉に向き合うなかで生まれた救荒書であった。

清庵はいう。わが一関藩では籾蔵を開いて救済したので餓死者は出なかったが、他郷から飢えて痩せ細った老若男女が蟻《あり》のごとく群れてやって来た。これを見て悲しく思った。我々は平日農夫の力によって安楽に歳月を送っているが、その恩に何か報いることができないのか昼夜考えた。ある日、友が愈汝為《ゆじょい》『荒政要覧《こうせいようらん》』という中国の書物を見せてくれた。草の根、木の葉であっても少しの間なら命を延ばすことができるのだと悟った。そこでこの本を書き、村役人に与え、平日の恩に報いたいと。

この『民間備荒録』は、上巻では飢饉に備えて植えておくべき植物と食料の蓄え方について述べ、下巻では草木葉の食べ方や解毒法を中心に書いている。予防対策と実際に飢えたときの凌ぎ方の両方に目配りした構成になっていた。前者は後述する備荒貯蓄論につながっていくものであるし、後者は救荒食、有用植物学へと展開していくものである。いわばふたつの方向性を合わせ持っていたのがこの書の特徴であった。版を重ねて発行され、その後の救荒書の原典的位置を占めることになる。

その内容は、貝原益軒《かいばらえきけん》『大和本草《やまとほんぞう》』や宮崎安貞《みやざきやすさだ》『農業全書』など日本の書からの引用もみられるが、右の『荒政要覧』をはじめ、朱橚《しゆしゆう》『救荒本草《きゆうこうほんぞう》』や王磐《おうはん》『救荒野譜』など中国明《みん》代の本草書に依拠して書かれた部分が多い。『救荒本草』は近世後期に小野蘭山《おのらんざん》『救荒本草会識』、岩崎常正『救荒本草通解』など日本の本草学の展開に大きな影響を与えた救荒書である。学者の農書と同じく、救荒本草学もまた中国の権威に依存するところから始まったのである。

ただし、清庵はそれに安住していようとは思っていなかった。宝暦の飢饉のさいに民間で糧として自ら用い益の多かった草木を、村役人や老農に聞いて書き集めておいたので、後日後編として出版したいというこころざしを持っていた。それが、没後清庵と玄白それぞれの子により、天保四年（一八三三）に刊行された『備荒草木図』であった。

外国知識に頼らないで民間知を重視する姿勢は、天保八年（一八三七）に刊行された伊藤圭介《いとうけいすけ》の『救荒食物便覧《びんらん》』になると一層明らかとなる。この便覧は中国・オランダなどの異邦の説を主とせず、在来の救荒植物を自ら試験して確実なものを第一に紹介しようとするものであった。伊藤はいうまでもなく、近世本草学を近代植物学に橋渡しした植物学者であるが、日本における近代植物学のベースに清庵以来の救民・救荒のための本草学の歩みを見ておく必要があるだろう。

三　身売りと奉公

譜代の下人

飢饉によって民衆が飢え死にを迫られたとき、常に人身売買の暗黒の歴史がつきまとってきた。人身売買にも時代相というものがある。中世から近世初期にかけては、土豪《どごう》など家父長制的な大経営のなかに労働力として抱え込まれる人身売買がふつうだった。妻子を売った当主はその身代金を手に入れ、売られた妻子も譜代下人として家内奴隷的な身分に甘んじなければならないにせよ、食べ物を与えられ餓死を免れることができた。

悲しく切ない別れであるが、家族が生き延びる方法だったといえる。中世の物語に人買いや勾引《こういん》（かどわかし）が暗躍するのは、こうした社会的背景があったからである。江戸時代の初期にも凶作で年貢を上納できなくなった農民が、妻子を有力農民に売っている事例は少なくない。

人身売買は中世でも近世でも公権力の禁止するところで、人倫にもとる行為とされてきたのは確かである。牧英正『人身売買』によると、鎌倉幕府は建久《けんきゅう》八年（一一九七）に人身売買を禁止し、江戸幕府もまた元和《げんな》二年（一六一六）に人身売買を禁じており、幕府法は人身売買を認めないのが原則的な立場であったとされる。原則があれば例外もあるというのは世の習いである。

寛喜《かんぎ》三年（一二三一）の飢饉のさいに、妻子眷属《けんぞく》や所従を富徳の家に売って助かろうとした百姓が跡を絶たず、鎌倉幕府はこれを時限的に認めざるをえなかった。江戸幕府においても、延宝《えんぽう》三年（一六七五）に前年の全国的な水害を理由に、幕府が禁じていた譜代《ふだい》（世襲的に主人に仕える者）や長年季の奉公を当事者同士で決めてよいとしている。

中世社会では、譜代を抱える家父長的な大経営とそこから自立しようとする小農民経営が競いあっている在地状況があり、飢饉ともなれば自立農民はやむなく身を売って譜代下人《げにん》化し生命をつなごうとしたのであり、その点において人身売買は、緊急避難としての社会的意味をもつものであった。

しかし、江戸時代になり小農民経営が力を持ち農村社会の担い手になると、このような労働力の確保を目的とした人身売買は少なくなり、譜代下人のような隷属的存在も消えていく。もちろん石高をたくさん持つ有力農民は存在したが、その労働力は契約的な年季奉公や季節的な雇用労働に変化していった。

ただし、東北地方の農村などには名子《なご》制度と呼ばれている家父長的大経営が近世はむろん、昭和戦前期まで残存した。

名子というのは大家《おおや》・地頭と呼ばれる主家から家屋敷と耕地を貸与される代わりに、労働力を主家に提供しなければならないもので、人身的な従属を強いられる存在であった。有賀喜左衛門の『日本家族制度と小作制度』など大家族制度に関する一連の研究はそこに焦点をあてたものであるが、有賀は名子制度を存続させた原因のひとつとして飢饉のさいの救済をあげている。自立していた小農民が食料の供給を受ける代わりに、自分の屋敷や耕地を大家・地頭に渡して名子となるのである。

主家による名子の保護と、名子の主家に対する尊敬の念という温情あふれる相互関係を有賀は評価する。果たして江戸時代の飢饉の現実はそう甘かったのであろうか。

確かに家父長制的大経営が小農民にとって名子化と引き替えに食べさせてくれる、緊急避難所的な役割を果たしていた側面は認めてよい。しかし、天明の飢饉のような大飢饉ともなれば大経営がどれほど救済能力を発揮できたのか過大に評価することはできない。名子の抱え込みには限度があろうし、もし食料の蓄えが十分でなければ、主家の生き残りのために真っ先に名子家族が見捨てられ、餓死を余儀なくされたのが実情であった。名子制度では乗り切れない、商品貨幣経済が入り込んだ江戸時代の飢饉のきびしさを物語っている。

遊女奉公

一七世紀後期以降になると、人身売買は妻や娘の遊女奉公の専売特許のようになっていく。前借に人身的に拘束され、苦界《くがい》に身を沈める幸せ薄い女たちの悲話がどれほど存在してきたことか。江戸の吉原や京都の島原のように有名な遊郭のみならず、城下町、宿場、港町、門前町などに公認・非公認の売春宿が数多く生まれたのは江戸時代である。遊里《ゆうり》文化の華やかさをもてはやす前に、餓死を迫られた人々の悲痛な思いを見過ごすことはできない。

牧英正は前掲書で次のような事例を紹介している。越後国蒲原《かんばら》郡の百姓であった源八夫婦は天明三年（一七八三）、四年の凶作で家業が成り立ちゆかず居村を離れた。信州追分《おいわけ》宿にやって来たところで、連れの八歳の娘を宿の旅籠《はたご》屋に飯盛女《めしもりおんな》として売った。年季は二一年季という事実上の永代売《えいたいうり》に近く、わずか金二朱《しゅ》の身代金を受け取っただけである。買い主の旅籠屋が気に入らなければ「蔵替」といって自由に他に売ってもかまわず、年季が明けてどこかに嫁いでも親権を放棄するというきわめて劣悪な条件であった。

この奉公人請状《うけじょう》に記された「養育御頼み申し候」、あるいは「小児養育の御慈悲相願ひ進上申す」という文言をみると、旅籠屋の意向が働いていたにしても、必死で飢饉を乗り切ろうという親の気持ちがよく表れている。夫婦自身が流民化し自らの生命維持すら難しいなかで、幼い我が娘を生き延びさせるかすかな光明のように見えて、飯盛女に売ったのであろう。売らなければ餓死させるか殺すしか選択の道がなかったのである。

娘を遊女奉公に出す理由として、年貢上納ができなくなったことや、凶年で飢え死にしそうだからということがよくあげられる。親の言い訳がましく聞こえないわけでもないが、遊女奉公に出したのは、どんな過酷な運命が待ち受けていたにせよ、その娘の露命がつながる方策であったという点に、悲惨だが生きることのしたたかさを読み取りたい。

娘の身売りは、何も江戸時代だけではなかった。昭和六年（一九三一）、同九年の東北大凶作のときにも、新聞紙上をにぎわす大きな社会問題となっていたことはよく知られている。廃娼運動の高まりが、それをきびしく指弾する論調を生んだのであるが、前借金に縛られた強制売春から女たちが解放されるには、昭和三一年（一九五六）の売春防止法の制定を待たねばならなかった。

人買いの横行

飢饉となれば、人買いたちが暗躍した。盛岡藩の『雑書』元禄九年（一六九六）八月の記事に人買いから逃れた女童ふたりのことが出てくる。
花巻《はなまき》四日町の助次郎のところに女童ひとりが逃げ込んできた。町役人が尋ねると、秋田藩大館《おおだて》の者の子供で、人買いに連れられて花巻に来る道で逃げ出し、粟畑に隠れて町に駆け込んできたものであった。もうひとりも大館の女童で、一緒に人買いに連れてこられ、やはり逃げ出して大豆畑に隠れ、同町の伝七の家に駆け込んだ。ふたりは郷里に戻されても親が渇命《かつめい》に及んでいるので、ここに置いてほしいと願った。

元禄八年は大凶作であったから、飢饉の苦しさに耐えかねて親が人買いに売ったのだと思われる。人買いはこうした女童を大館や近辺の村を回って買い集め、めぼしい町で遊女にでも売り飛ばそうとしたのであろう。花巻の町奉行はふたりを盛岡の町奉行に書状を添えて送り、盛岡では郷里に返還せず望む人に預けることにし、八日町の甚助、与助が望んだのでそこに預けられている。

また、仙台藩の家臣高野倫兼《ともかね》の宝暦六年（一七五六）の日記のなかに、「山岡」という者が出てくる（『仙台記』、『蔵王町史』資料編Ⅱ）。倫兼が飛脚の者より仙台以北の様子を聞いたところでは、「山岡」が道中、二一人の男女を召し連れて歩いていた。六歳くらいの子供が小豆飯を食べたいと言っているのをきびしく叱りつける一方、馬に乗せている子供は性質敏で文字を書き計算ができたので、山岡は大切に扱い可愛がっていたという。

これらの子供は山岡が買い取ったものか、誘い出したものかは知れずと記していたが、飢饉状況のなかで生きながらえさせるためにだけ売られた子供、あるいは両親を失い捨て子同然のところを拾い取られた子供たちであったのであろう。山岡という名は別の史料にも出てくるが、人買いあるいは人を勾引する者の称であった。

天明の飢饉のさいには、奥州信夫《しのぶ》郡の福島地方辺りに南部・津軽・仙台から女たちが数多《あまた》売られてきていた。「上女」で金二両くらい、「中女」で一両から一両二分くらい、「下女」で一分から三分くらいの値段であったという（『天明三卯年青立諸色書留覚帳』）。命が助かるとはいえ、飢饉時の人間の値段の軽さには驚かされる。

農村復興と女買い

奥州中村藩（相馬藩）は、天明の飢饉で大きなダメージを受けたところで、四万八〇〇〇人余の人口のうち一万六〇〇〇人余が減少した。当然、耕作者を失った荒廃田が発生し、その復興のために同藩では、他国から移民を導き入れて再開発する入百姓政策を積極的に進めたことで知られている。北陸の真宗信仰地帯から移ってきた人たちが多かったといわれている。

『相馬藩政史』下のなかに、中村藩が天保五年（一八三四）六月代官に命じた「女買入」に関する史料が収められている。

それによれば、領分中は女不足によって農事が行き届きかね、他領から女を引き入れようと先年から努力してきたが、高料のうえ手数もかかり打ち捨てておくしかない状態であった。ところが、昨年の凶作により北国筋では飢渇し、離散する者がたくさんいるという情報が入った。そこで、藩士を派遣して実情を探らせたところ、飢饉のため下料で手に入れられることがわかり、その藩士が掛けあって、最上《もがみ》領から追々女を引き入れ、村々で妻なき者に配当することになったのだという。

天保四年は巳《み》年《どし》のケカチといって、奥州より日本海側の出羽の方が悲惨な飢饉状況を呈しており、出羽のなかでも最上地方はとくに飢饉がひどかった地域であった。

郷々には買い入れた女の預け人と、縁付けの世話役を置いて斡旋した。買い入れる女の年齢は十四、五歳以上とするが、場合によっては十二、三歳でも可能とした。女の買い入れ代およびその他の諸経費は妻を娶《めと》る者が全額出すのが原則であったが、全額出せないときは当分三分の二でも三分の一でもよく、足りない分は別から補ってやり、あとで返金させるという方法であった。

この女買い入れは、岩本由輝の研究（「陸奥中村藩における新百姓取立政策の展開」二、『東北文化研究所紀要』29）によると、郷全体で六〇人、その他に各郷でさらに一〇人くらいずつを予定するものであった。実際にどれくらいの人数が入ったのかはわからないが、独身の新百姓を取り立て、家族持ちとして定着させるための藩がかりの人買いであった。

飢饉の村から連れてこられた女たちは、餓死するよりはましだと思って移住してきたのであろうか。同じく飢饉で売られたとはいえ、遊郭や旅籠屋で売春させられるよりは、親娘とも将来に希望が持てたのは確かであろう。

四　飢人と施し

乞食に出る

飢えから助かろうとするさい、選択肢がそれほどあるわけではなかった。山野に救荒食を求めたり、身内の者を人買いに売るといった凌ぎ方の他に、乞食に出るのも江戸時代にはひろくみられた。「乞食・非人」というかたちで並列的に記されることが多い。

乞食というと何か世間から脱落した人々のように思いがちであるが、それは近代に入ってからのイメージであって、近世には飢饉を乗り切るための方策、方便という側面が強いものであった。農民や都市民が食えなくなったとき、一時的に乞食・非人となり、世間からの施しによって命をつなごうというもので、世の中が平生《へいぜい》に戻ればまた元の農民や都市民に立ち返るという性格が強かった。

天保五年（一八三四）に書かれた鶴岡藩（庄内藩）の『飢饉御用』から、具体的な事例を紹介してみよう。新潟県境に近い温海《あつみ》地方海岸部の村の又右衛門の場合は、鶴岡城下に出て袖乞徘徊《そでごいはいかい》しているところを捕まったが、次のような事情であった。

年齢は五三歳、先年から漆掻《うるしか》きを家業としていたが、だんだんと損金が増え、しかも子供が大勢で九人暮らしであった。他からの借金が多くなり、やむをえず所持していた田地を売り払い、この年

（天保五年）になり生活に窮しいかんともしがたくなった。

加えて三月上旬から自分をはじめ家内残らず傷寒《しょうかん》に罹《かか》ってしまい、渇命状態となった。藩からはたびたび御救米を支給されたが、米一合五勺ずつ（一日一人分か）では病後の食欲回復に不足した。糧（山野の恵みか）を取るにも病後のことゆえ働くことができず、親類にも世話になってきたので合力《ごうりき》を頼むわけにもいかず、五月二六日に家出して、大山《おおやま》・湯野浜《ゆのはま》辺りを袖乞して歩き、同二八日に鶴岡城下に入った。

上肴町《かみさかな》で「川原の者」に取り締まられ、その夜「川原」に一宿し、翌日七日町の「往来宿」に預けられた。藩が昨年から御救米を支給しているのに袖乞に出るとは何と不調法なことかと尋問された。取り調べ後、村に返され手鎖《てぐさり》処分となっている。

類似の尋書がいくつか収められているが、同じく温海地方の長三郎弟の弥三郎三二歳の場合は、城下に出て日雇い稼ぎをしていた。単身者だったのだろう。当春になり稼ぎができなくなり、実家の長三郎宅に戻った。しかし、飢饉のおりから迷惑をかけると思い、一宿して越後に口過ぎ奉公に行こうかと家出したが、引き返し大山に向かった。そこの番小屋にいるところを、やはり鶴岡の「川原の者」に捕まり、同様の扱いを受けたものであった。

制道と人返し

鶴岡藩の場合には天保四年（一八三三）の大凶作といっても、傷寒での死者を別にすれば餓死者を

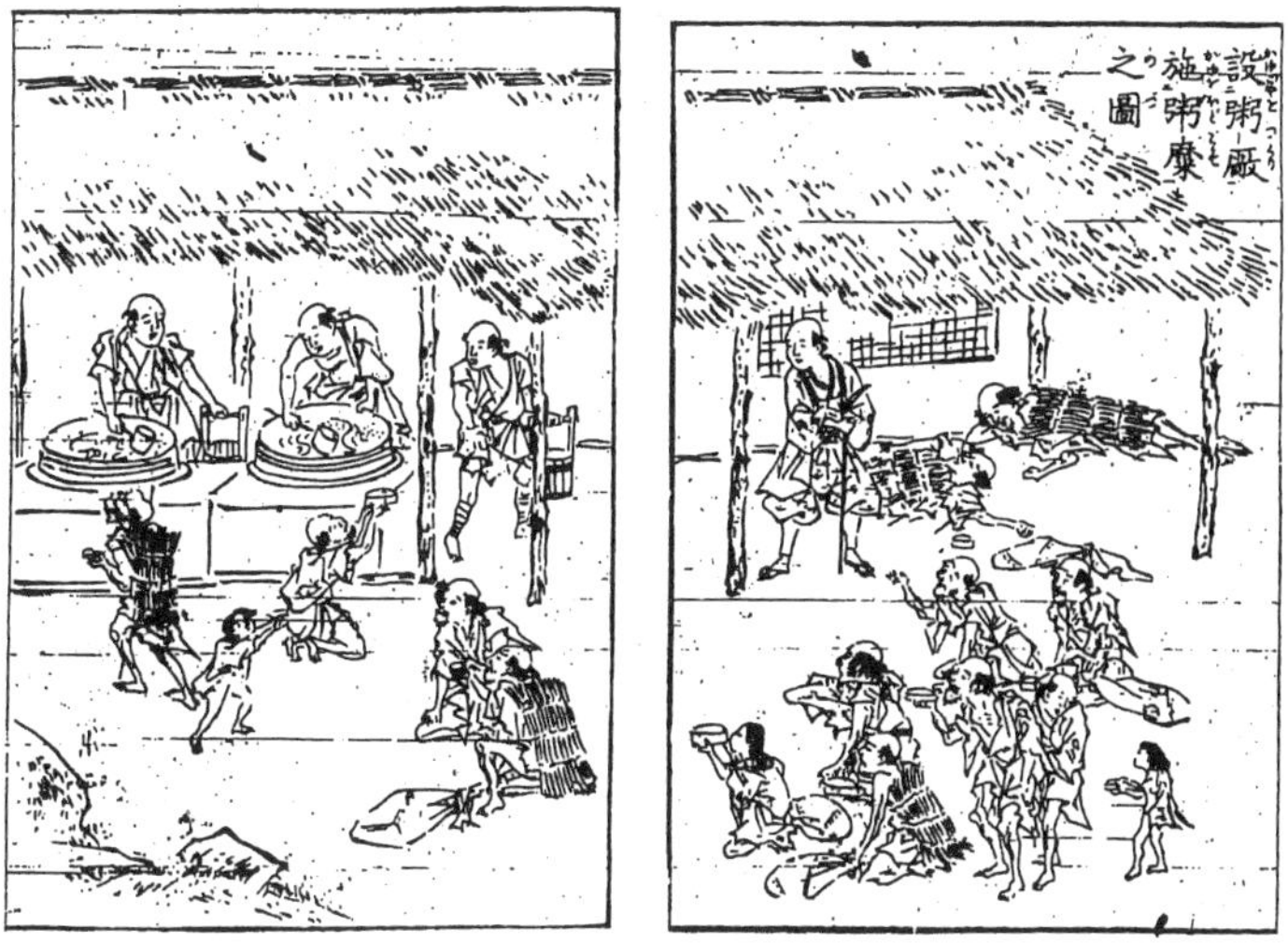

「こもかぶり」姿の窮民に粥を与える図　建部清庵著『民間備荒録』
（国立国会図書館蔵）

多く出すほどではなかったが、それでも乞食に出る者たちがいた。この二例は単身による乞食であるが、又右衛門の場合には一家の大黒柱で、自分の食べる分を家族の者に回すために、家を出ることを決意し、乞食になったものであろう。いっぽう、弥三郎は失業したが、実家に迷惑をかけるのを嫌い、あるいは実家から冷たくされたのかもしれないが、乞食するより他に方法がないと考えての行動であっただろう。

袖乞に出た者たちは農村から都市をめざした。大山というのは鶴岡郊外にあり、江戸時代には蝦《え》夷《ぞ》地《ち》向けの大山酒の産地で有名なところである。富裕な商人たちの施しにすがるしかなかったからである。しかし、都市の住民たちは外部から乞食化した飢人がたくさん入ってくるのを当然いやがる。治安の悪化も恐れる。

このような外部から流入してくる乞食・非人を取り締まったのが、組織化された非人身分の者たちである。鶴岡城下でいうと「川原の者」というのがそれにあたる。非人組織がなぜ必要とされたかであるが、平人と非人の間を循環する一時的非人状態の者を取り締まり、排除するのが期待されていたからである。この役割を「制道」と呼んでいるところもあった。

この事例の場合には取り調べ後に村に戻されているが、藩によっては御救小屋（施行小屋《せぎょうごや》）を設けて収容し、世の中が平穏になってから村に返したところも多い。しかし、前述したように、御救小屋の名にもかかわらず、そこで次々と落命していったのはいかにもいたわしいことであった。

乞食・非人になることは確かに世間から冷たい視線を浴びせられ、「こもかぶり」などとさげすまれた。こもかぶりといったのは、流民化した人たちを描いた図絵をみればわかることであるが、真菰《まこも》草《ぐさ》を編んだ菰を背中に着て歩くのが乞食のしるしにもなっていたからである。菰を着るとか、菰を被《かず》くとかいった表現は中世以来からのものであるが、乞食に喜捨するのは功徳、善根のように考えられており、それを積み重ねることによって来世《らいせ》における幸福が保障されるものであった。

仏教の教えとはいえ、乞食・非人に次から次へと門付けされるのは迷惑なことであったが、施しをしなければ精神的に救われないという観念が生きていた時代であった。藩によっては、領内での乞食渡世を公認し、他領の乞食を排除するために、「非人札」を交付するところもあった。無縁の存在となった乞食・非人に対する施しは、飢饉回避のための社会システムとして習俗化していたのだといってよいだろう。しかし、乞食となって行き倒れになって死ぬ者も多かったように、生き延びるのは容易なことではなかった。

米ある国へ行く

飢人たちは自藩の城下町に向かうことが多かったといえるが、藩境を越えて、命が助かりそうな場所を求めて流浪した。東北地方では天明三年（一七八三）の凶作の時には、奥羽山脈を太平洋側から日本海側へと越えて行った。また、天保四年（一八三三）の凶作の時には逆のルートで飢人が動いた。津軽海峡を渡って松前・蝦夷地に希望をつなぐ者たちもいた。飢人の行動範囲はかなり広いとみてよいだろう。

弘前藩の『豊凶遺稿』（『鰺ケ沢町史』一）という記録によると、天保七年（一八三六）の大凶作のさいには、五年も不作が続いたので在町《ざいまち》には貯米がなく、村々にも滞留する「孕米《はらみまい》」もなく、この年八月には早くも一日の食に差し支えるような状態であった。同月下旬には覚悟のほどを決め、老人を携え子供を背負い四、五人、あるいは六、七人と連れ立ち、野内・碇ケ関《いかりせき》・大間越《おおまごし》の番所から他散していった。

番所を出ていくときに彼らは、村方にいては収穫は皆無、死ぬよりほかないので米のある国にまかり越して、一日だけでも生き延びたい、それゆえ御関所をお通しくだされたしと、口々に言い立てて出て行った。最初は村所や名前を調べてから通していたが、一時に一〇〇人、二〇〇人も押し通るので、出ていくにまかせるしかなかったという。

藩としても領内に引き留めても食べさせられる見込みがなかったから、あえて引き留める必要もなかった。同藩では、飢饉のたびごとに飢人が秋田領などに逃亡していくのを繰り返していた。天明の飢饉のさいには、秋田城下で保護された飢人の引き取りを秋田藩から求められるということもあった。天保七年の大凶作では、盛岡藩の北上川流域の農民たちが集団で、仙台藩への逃散《ちょうさん》を大胆にも敢行するという、衝撃的な出来事があった。

財政窮乏に陥っていた盛岡藩は、同地域の米に目をつけて買米制を実施し、それが農民たちの不満の種であった。おりしも大凶作によって飢えた農民たちは、盛岡城下に出て交渉しても埒《らち》があかないと判断し、翌年正月仙台藩に窮状を訴え出たもので、仙台藩による預《あずかり》地《ち》化も望んでいたといわれる。長年支配を受けてきた領主を否定する動きであり、ペリー来航の嘉永《かえい》六年（一八五三）に発生した仙台藩への逃散闘争、いわゆる三閉伊《さんへい》一揆に道を開いたと評価できるであろう。

江戸に上る飢人

将軍のお膝元である江戸をめざす飢人も少なくなかった。すでに寛永《かんえい》の飢饉のときにも「こもかぶり」が江戸市中にあふれており、馬喰町《ばくろちょう》に小屋を建てて収容している。こうした乞食の群のなかから江戸の非人組織が形成されていった。飢饉ともなれば関東、信越、陸奥などから飢人が入り込んだので、江戸における他国飢人の様子をみれば、飢饉の程度がおよそわかるといってもよいであろう。

会津藩士田村三省の『孫謀録《そんぼうろく》』によると、天明の飢饉のさい、会津の者七人が江戸に上り流浪していたところ、管轄の役人に江戸橋で施行があるからと連れて行かれ、浅草の弾左衛門《だんざえもん》屋敷に引き渡された。同藩の聞番（留守居）が町奉行の牧野大隅守に呼び出され、引き取りを命じられている。藩は家来を派遣して引き取り、木綿袷《もめんあわせ》の類を着させ路銀を与え国元に戻している。また、風聞では二本松藩は五〇〇人余の引き渡し、盛岡藩は江戸屋敷に居所がないほどで一〇〇〇人余の引き渡し、いっぽう米沢藩は一人もいなかったといい、人数の信憑性はともかく、藩の明暗をはっきりと読み取れよう。

天保の飢饉でも、同様の藩への引き渡しがみられた。信州松代《まつしろ》藩埴科《はにしな》郡の『稀違作難渋日記《まれいさくなんじゅう》』（『長野県史』近世史料編七（三）北信地方）によると、田舎から出国し、江戸の御救小屋に入った者から国名・領主名を聞き出し、領主へ引き渡された。加賀藩へは二〇〇人余、松代藩へは四〇人余であったという。

この御救小屋というのは、幕府が天保八年（一八三七）三月から品川・板橋・千住・内藤新宿に設置したもので、弾左衛門配下による取り締まりと介抱では十分対応できないとの判断から、江戸の出入り口で押さえてしまおうというものであった。

加賀藩の『御郡典』（『藩法集』Ⅵ）に、幕府がその設置に合わせて一万石以上の大名に出した触が書き留められている。それによれば、幕領および藩から出た者は村方人別《むらかたにんべつ》をはずれていてもなるだけ帰住させ、それ以外の者は人柄により荒地開発や人足寄場《にんそくよせば》等に送る方針である。もし領主に引き渡されたならば欠落者でも許してやるよう、指示がなされていた。

幕府が懸命になって、江戸に流入した飢人を市中に定着させず、郷里に追い返そうとしていたことがわかる。都市と農村を区別して管理するための常套《じょうとう》手段が人返しであったが、御救小屋に収容された者が国元に返還されても、江戸に向かう人々はあとを絶たず、都市下層社会のエネルギーの源となっていた。

天保期ともなると、人返し政策によってはもはや逆戻りできない社会変化が押し寄せていたのである。

五　備荒貯蓄

無防備な危機管理

宝暦の飢饉や天明の飢饉によって残酷な餓死体験を強いられたり、あるいは餓死に至らなくても米価高騰による食料危機を経験することにより、飢饉への事前の備えというものが強く意識されるようになった。これをふつう備荒貯蓄と呼んでいる。

倉に穀物を貯える歴史は時代を超えて古くから存在するが、江戸時代に限っていえば、幕府でも藩でも非常時のために、とくに近世初期には戦争に備えて一定量の囲穀《かこいこく》を保有しているのはむしろ当然のことであった。幕府が一六三〇年代に諸国の譜代藩に設置し、毎年詰め替えられた前出の城詰米《しろづめまい》もそうした例のひとつである。

軍事目的の貯穀も政治体制が安定してくると、次第に凶作・飢饉時の民政用に転換されていった。幕藩領主は百姓の成り立ちに責任を負い、都市社会の安定に努めなければならなかったから、窮民に対する御救米、米穀払底のさい売却される払米《はらいまい》、農民の耕作を支援するための夫食米《ふじきまい》、あるいは救貧のための土木事業を実施した場合の扶持米《ふちまい》など、非常用の穀物を確保しておく必要があった。苛斂《かれん》誅求《ちゆうきゆう》の領主も確かにいたから、それが十分になされたかは別にしても、たてまえはそういう社会であった。民間社会にあっても、有力農民や富裕な町人などは自家用の余分の貯えを持っていたと理解してもよい。

このように幕藩領主も民間でも貯穀があったとすれば、飢饉にならなくて済んだはずだが、現実はそうではなかった。すでに大規模飢饉の発生メカニズムについて述べたのであまり繰り返さないが、日本列島が全国市場のネットワークにはりめぐらされた経済社会になっていくにしたがい、貨幣経済ないし商品経済の論理が幅を利かした。貯穀しておくより、それを高値の時期に売って利益を得るほうが、財政窮乏に苦しむ藩にとって有効だと考えられたからである。

仙台藩の儒者蘆東山《あしとうざん》は宝暦四年（一七五四）の『上書』（『日本経済大典』一一）で、これまでは領内に囲籾《かこいもみ》を所々に置き、また秋の作柄を見届けてから江戸回米の船を出していたが、近年囲籾が時々取り崩されているのは心許《こころもと》ないと述べていた。宝暦の飢饉を見通していたかのようである。また、弘前藩では農民から上納させた「貯米《たくわえまい》」があったものの、ずさんな運用によって減少させてしまい、天明三年（一七八三）七月に農民一揆が起こっている。領主であれ農民であれ、社会全体が目先の利益に走り出したのが、一八世紀半ばのいわゆる田沼時代であった。重商主義的な考えが打出の小槌《こづち》のごとく強く押し出され、危機管理に無防備に過ぎたのである。

中井竹山の社倉論

飢饉という代償を払って、近世中後期以降、備荒貯蓄論が活発になり、幕藩領主の社会政策としても一定実現されていくことになる。この論議に大きな影響を与えたのが、中国南宋《なんそう》の儒学者朱子《しゅし》の社倉法であった。朱子社倉法は早くは山崎闇斎《やまざきあんさい》によって紹介されているが、それに依拠した社倉論が近世半ば以降いくつも書かれている。ここでは、大坂の町人学者中井竹山《なかいちくざん》が某藩のために安永三年（一七七四）に書いたという『社倉私議』（『日本経済大典』二三）を紹介しておこう。

竹山の理解によれば、朱子は凶作のとき役人に建言し、常平倉《じょうへいそう》といって米値段の高下を平均させるために貯えておいた現米六〇〇石を無利息で貸し窮民を救った。その返却米を朱子はそのまま借用し社倉の元米とした。それを毎年利息米つきで貸し、元利二倍になったところで元米六〇〇石を常平倉に返還し、利米六〇〇石を新たな元米にした。これを貸し付けて三〇〇〇石の貯えになったところで利息米を止めて、大いに民間の利益となった。

しかし、日本には常平倉というのがないので、朱子の方法をそのまま実施することはできない。その意図を汲んで、自分には少しも民間に難儀をかけず、領主にも都合のよい方法がある。それは、五万石の藩だとすれば、高一〇〇石につき現米二石の割合で農民に上納させ一〇〇〇石となる。また、年貢米のうちからも一〇〇〇石を出し、合わせて二〇〇〇石を社倉の元米とする。これを五年続けると一万石になる。

この運用にあたっては、最初の年なら二〇〇〇石を藩が借り上げ、大坂に回米して売却し、二〇〇〇石の利息米を七パーセントとして一四〇石を郷蔵に蓄えておく。年ごとに回米量を二〇〇〇石ずつ増やして数年後に利息米が二〇〇〇石に達したなら、それを元米にし、回米を止めて農民が出した五〇〇〇石は割り戻していく。社倉元米は村役人が管理し、貧窮の者に利息つきで貸し、元米が多くなったら無利息で貸す。こうなればたいていの飢饉凶年を防ぐことができるというものであった。

回米運用益で社倉の元米をつくるという発想は、いかにも大坂の町人学者のものであるが、このようにうまく事が運ぶとは考えにくい。まず、農民が数年間持高割りで米を出すことに同意してくれるか、信用されていない藩なら、品を替えた新たな負担、収奪だと受け取られるのが関の山だろう。また、回米といっても米価低迷の時代に売却益がどれほど見込めるか、あるいは米積み船が難破してしまうという危険を常に伴っている。竹山の案が某藩で採用されなかったのは、やはり現実離れしたところがあったからだろう。

しかし、社倉とは「民間組合《くみあっ》て仲間に致す米蔵」という意味あいであるととらえ、公権力と民間から元米を出し合い、元米の運用によって新たな元米ができたなら、その管理を村方の共同管理に任せていこうという点は、やはり新しい備荒貯蓄論になっていると思われる。領主あるいは民間がそれぞれに貯穀するのではなく、官民一体的に、しかも管理は民間主導というのは、地方行政的あるいは公共的な備荒貯蓄に道を開いていく論であった。

貯穀政策の展開

幕府における寛政の改革は、いうまでもなく老中松平定信を中心とする政権によって実施され、天明の飢饉後の農村と都市の危機管理対策を重要なテーマとしていたのは間違いあるまい。また、諸藩の政治改革も多かれ少なかれ飢饉後の同様の課題を抱えざるを得なかった。

米沢藩の上杉鷹山《うえすぎようざん》（治憲《はるのり》）による藩政改革はやや早く宝暦の飢饉をきっかけとして始まっているが、「備籾蔵」の設置などその志向性は寛政の改革と共通している。

こうした幕府や藩の改革は、田沼期の重商主義的な政策にブレーキをかけ、荒廃農村の建て直しと都市社会の安定を目的としたために、時に領主支配の延命を図る封建反動のレッテルを貼られてきた。田沼と定信の評価は時代の世相を反映して大きくぶれるが、政策そのものの位置づけは客観的になされなくてはならない。

定信の備荒貯蓄政策には、中井竹山の影響もあるといわれている。竹山の『草茅危言《そうぼうきげん》』は定信に献本するために書かれたものだが、社倉の具体的な実施方法はともかく、官民一体の考え方の基本はやはり共通していたように思われる。

幕領農村に対しては郷蔵の設置を促した。農民から高一〇〇石につき米一斗の割合で出させ、また幕府からも年貢米の二〇分の一を「下げ穀」として付加するというもので、この囲穀を農民の夫食米として貸し付け、その利息を運営経費に充てるというプランであった。運営には地域社会が関わるが、代官など役人の監督を受けるものとした。

京都・大坂でも江戸に先だって囲穀が実施されているが、定信の備荒対策として有名なのは、何といっても江戸における七分積金《しちぶつみきん》の制度と、それを運営するための組織である町会所《まちかいしょ》の設置であろう。簡単に触れておけば、江戸市中の町入用の節減を命じ、節減高三万七〇〇〇両余の七分すなわち七〇%を毎年積み立てさせることにし、幕府からも公金一万両が加えられて始まった。

この積金によって低利貸付や囲籾が行われ、天保の飢饉のさいの窮民への救米をはじめ、風邪やコレラ流行、火事・水害・地震などの災害のさいに大きな効果を発揮してきた。天保の飢饉の時、他の都市とは違って、江戸で目立った打ちこわしが起こらなかったのもこのおかげであった。さらにいえば、積金は幕府倒壊後には東京府に引き継がれ、養育院の設立など社会事業の展開に使われていった。

このように定信政権の備荒貯蓄政策は、農民や町人にだけ負担させるのではなく、公権力の側からも米金を出すところに特徴があり、しかも運営主体を村や町の地域社会に担わせたところが、強い反発を招かず、地域社会にも受け入れられていく要因であったろう。地域リーダーたちも凶作・飢饉で荒廃した村を立て直すために尽力することになったのだと思われる。

天明の飢饉後の藩政史料、あるいは村方史料を見ていると、備荒貯蓄に関する史料がかなり多く残されていることに気づかされる。貯穀と並行して赤子養育制度なども農村人口を回復させるための政策として登場してくる。備荒貯蓄の運営・管理が地域社会の政治的・行政的成熟に貢献し、近代地方自治につながっていく重要な回路のひとつであったことは間違いないだろう。

第五章　飢饉の歴史と現代

一　仁政思想の再評価

津軽様・南部様切腹

前出の『天明三卯年青立諸色書留覚帳』という福島地方の飢饉記録に、天明《てんめい》四年（一七八四）のことであるが、「奥御大名七頭過怠《かたい》仰せ付けられ候事」と題された風聞が記されている。奥大名七頭は陸奥《むつ》国の七人の藩主をさしている。

一人少ないが、仙台様御隠居、南部様御切腹、三春様戸締まり、相馬様同断、二本松様遠慮、津軽様御切腹、その他の大名様は無難に過ごしているというのであった。

同様の噂《うわさ》は、『佐藤与惣左衛門日誌』（『伊達町史資料叢書』4）にも記されている。津軽越中守（弘前藩主）は当三月病死したが、百姓を多く飢え死にさせたために公儀（幕府）への申し開きがたたず切腹。また、南部大膳太夫《なんぶだいぜんのだいぶ》（盛岡藩主）が病死。その葬骸が六月一七日桑折《こおり》駅を通行したが、津軽（南部の間違いか）の餓死人を少々不足に報告していたことから、これも真偽不明ながら切腹したのだと語られていた。

仙台藩についても、餓死人その数知れず、国政正しからずと、いろいろ評判が立っていたようだ。福島県の中通《なかどおり》地方の大名の名前があるのは、近隣の大名だというだけでなく、実際に飢饉の被害が大きな藩であったからである。

弘前藩主と盛岡藩主が天明四年に死亡したのは疑いのない事実である。切腹を将軍に命じられたというのはもちろん風聞でしかない。領民を餓死に至らしめた政治責任がきちんと問われるならば、切腹はもとより改易・転封だってありえたはずだ。

幕府は両藩の失政をきびしく糾弾することがなかった。しかし、弘前・盛岡の両藩のすさまじい飢饉の惨状は、たとえば江戸の杉田玄白が『後見草《のちみぐさ》』に書き留めていたように隠しようのない悲劇であった。

ちょうどその噂で持ちきりのところに藩主の死亡であったから、餓死者を出した政治責任に引き付け、実は病気ではなく切腹だと語られだしたのであろう。切腹になって当然という民の声が反映しているのはいうまでもない。

大名やその家臣が餓死して死んだということはほとんど聞かない。死ぬのは領民たちなのであった。飢饉の身分性、階級性を問題にするならば、安藤昌益が喝破したように「不耕貪食」の領主による収奪・支配こそが、農民を餓死に至らしめた張本であるといわざるをえない。

両藩の国元でこのような風聞が立ったのか確認できていないが、飢えのさなかにあって政治的行動に訴える気力が萎《な》えていたにせよ、藩に対する怨嗟《えんさ》が渦巻いていたのは否定できないことである。弘前藩では飢饉がひとまず終息したあとに、新藩主が近習《きんじゅう》小姓二人を名代《みょうだい》として郡内を回らせた。複数村で構成される組ごとに卒塔婆《そとば》を一本ずつ建てて施物《ほどこしもの》をして歩くのが目的であった。死亡の者に対して、飢渇し死亡を免れなかったのは不憫《ふびん》至極である、せめて朽骨《きゅうこつ》これより安穏になって、亡魂を弔う藩主の実心を感じてくれ、と名代が読み上げたという。

これに領民は新藩主の仁愛の有り難さを感じたというのであったが、このように人心を収攬《しゅうらん》しなくては、代替わりをスムーズに成し遂げられなかったのである。

名君の政治

いっぽう、今日でも名君として仰ぎ親しまれている江戸時代の藩主がいる。岡山藩の池田光政《いけだみつまさ》、会津藩の保科正之《ほしなまさゆき》、米沢藩の上杉治憲（鷹山）、白河藩主・老中の松平定信などといった人たちである。また、幕府の代官や藩の家老のなかにも名代官、名執政として称揚される人物が少なくない。

近世は領主による年貢搾取が基本の社会であったから、支配階級は自らの支配を正当化し維持することに努めるものである。それでも為政者たる者はいかにあるべきか、どんな政治をすべきか真剣に考えた人たちのメッセージは、時代を超えて、あるいは階級・身分を超えて共感を呼んできた。

一九八〇年代後半からのいわゆるバブル経済がはじけ、その後遺症に苦しんでいるなかで、上杉鷹山はよく取り上げられ読まれた。宝暦《ほうれき》の飢饉後の農村荒廃や藩財政を立て直した手腕、あるいは質素倹約を旨とした高潔なイメージが今の時代にふさわしいと思われたからである。鷹山の政治を少し紹介しておこう。

横山昭男『上杉鷹山』などの伝記研究によって、その実際のすがたが明らかにされている。それによれば、儒学のなかでも実用の学としての折衷学を学んでおり、藩主に就くにあたり、国家衰微による人民の難儀を憂え、並々ならぬ決意をもって藩政改革に臨んだ。改革を引っ張っていくために、奥女中を減らし台所費用を削るなど自らの倹約を実践した。さしずめ清貧の思想を地で行くようなものであった。

倹約の押しつけだけならば、リストラなどといって社員の首を切ることにいたずらにエネルギーを注ぎ、経営責任にはほおかむりをする、この国のトップの人たちには得意なことである。それはともかく、質素倹約の道徳主義には、何か信用のおけないうさんくささがある。

しかし、鷹山の場合には、凶作・飢饉であえいでいた農村を復興させることが行動として伴っていた。有能なブレーンにも恵まれて備荒貯蓄をおこない、荒地の開発を家臣団にも手伝わせて推進した。「籍田《せきでん》の礼」といって、毎年鷹山自ら田の鍬《くわ》打ちをする儀礼も、農を本とする象徴的な行為であった。

鷹山の思想は農本主義であるが、水田一元論というわけではない。漆植え立てや杉の植林、養蚕などの振興を図っている。農村・農民は米を基本にしながらも、その地域にふさわしい産業を新たに興していくべきだというのが、商品経済の展開のなかで、農村復興を真剣に考えようとした人たちの共通の認識であった。地域リーダーたちの思いもそこにあった。

米づくりと殖産政策とを対立的にみて、前者を守旧的、後者を進歩的とする色分けがなされることが多いが、事実はおそらく違っている。両者は矛盾するものではない。要は生産経済を重視して、生産者を基本に地域社会を考えるか、あるいはそうではなくて金は天下の回りもの、流通経済をさかんにしていくことこそ国富の道と考えるか、の違いの方が対立点がはっきりしている。

鷹山は商業の抑制、流通統制に向かい、自然経済への復帰を理想としたが、市場経済・流通経済に無防備なために飢饉の餓死者を出し、農村を荒廃せしめた現実を直視するならば、そうした考えが出てくるのはむしろ当然のことであった。

じつはこの生産か流通かという争点は現代日本社会にそのまま当てはまるといってよいかもしれない。

自給率の落ち込んだ農業だけでなく、産業の物づくりが列島社会で衰退しつつある。日本の産業技術を支えてきた職人的技術力が正当な扱いをされていない。物は外国で安く生産し、それを買って食べたり使えば効率がよいのだという、能天気な自由貿易主義がこのところ横行してきた。

物を作るという産業経済の原点を、保守主義だと批判されようと見失ってはならないことを、鷹山は私たちに語りかけている。

仁政の自覚

鷹山は天明五年（一七八五）の『伝国の詞』で次のように言っていた。

国家は先祖より子孫へ伝えるものであり、我私すべきものではない。人民は国家に属しているものであり、我私すべきものではない。君は国家人民の為に立てられた存在であって、君の為にある国家人民ではないと。

国家を藩、人民を領民、君を藩主として理解すれば、藩主は我私を徹底して排除し、国家人民のために政治をしなければならないという、為政者たる者の自覚がはっきりと示されていた。

松平定信もほぼ時期を同じくして、天明八年に書いた『白川政語』のなかで政治とは何かについて述べていた。

その主張は「政の本は食にある」、「人食にあらざれば生ぜず、故に農業は政の本なり」とし、飢饉で民を苦しませない備荒貯蓄の必要性を説いたものであるが、為政者論として語られていたのが特徴であった。

すなわち、中国の故事をいろいろ引きながら、国家が乱れるのは君たる者が奢《おご》りをほしいままにし、農桑《のうそう》のことを忘れ民を虐《しいた》げるからだ。士農工商の四民のなかで、農業を勤める者が最も辛苦を味わっている。不熟の年にあえば、貢税が足りず富民の銭を借り、身につづれを着、口にする糠《ぬか》にも不足し、雑草を集めて食べても餓死に至る者が多い。人の君たる者が、哀れむべき民を虐げ、美服を着、珍膳を食し、酒色におぼれて、どうして天の罰を蒙《こうむ》らないことがあろうか。仁政を行おうとすれば、それはただ君の一心にあることなのだ、と。

為政者としての強烈な自覚意識がうかがわれる。民を憐《あわ》れみ倹約を守る、これが心の誠より出ていれば仁徳が自然におこなわれる、という時、それがどれだけ内面化されているかが重要なことであった。心の問題にすべてを還元し、押しつけがましく説くのは悪しき道徳主義になりかねないが、私《わたくし》のおごりというものをきびしく律し、政治とは何かということを突き詰めて考えようとする政治的倫理性の自己確立として、正しく評価する必要があるだろう。

鷹山にしても定信にしても、その自律的な政治倫理の形成は儒学にあった。儒学は江戸時代の朱子学の受容にみられるように武士の学、御用の学、体制維持の学であったのは否定できない。

しかし、たとえば『礼記《らいき》』王制篇に「国に九年の蓄え無くば、不足なりという。六年の蓄え無くば、急なりという。三年の蓄え無くば、国その国にあらずという」と書かれているが、政治をまともに考えようという人々によってこの文章の解釈・実践化が繰り返されてきた。道学者然として仁義礼智信の五常の徳目を説いているだけが儒学ではなかった。宝暦や天明の飢饉を深刻に真面目に為政者として受け止めたとき、儒学的言説の読み込みがやはりあったとみるべきである。

政治の思想、政治のモラルは、言説と実践が伴って、時代を超えて普遍性を獲得するようなものであらねばならない。その点で、私たちは鷹山や定信に、その道徳的厳格主義が人間性の抑圧にならないかぎりにおいて、政治家の理想像を読み取ろうとしているのかもしれない。

二　市場経済のコントロール

自由放任か規制か

一八世紀中後期の大規模飢饉は、すでに述べてきたように、商品貨幣経済が、地方農村のすみずみまで浸透し、全国的な市場経済に藩経済も生産者も組み込まれていくなかで発生していた。

盛岡藩の星川正甫《せいほ》はその著『食貨志《しょっかし》』（『岩手史叢』9）で、宝暦の飢饉の被害を大きくしてしまった原因として、領内の米が藩の米のみならず農民の米までも買い集められて、根こそぎ前年度産米が回米されてしまい、宝暦五年（一七五五）の大凶作に対応できなかったことを指摘していた。江戸時代から東北地方の大飢饉の原因ははっきり知られていた。

その一方で、享保《きょうほう》の飢饉や天明七年（一七八七）の江戸の打ちこわしのときには、被害が比較的軽微であった東北諸藩では米が領外に高く売れ米景気に喜んだこともあった。凶作ともなれば地域によって明暗を分けることがしばしばであった。

食料の生産地がわずか一年の大凶作でたくさんの餓死者を発生させてしまう。これが市場経済下の飢饉の恐ろしさである。江戸時代の日本列島に起こっていたことは、食料が国境を越えて動いている

主要先進国穀物自給率推移

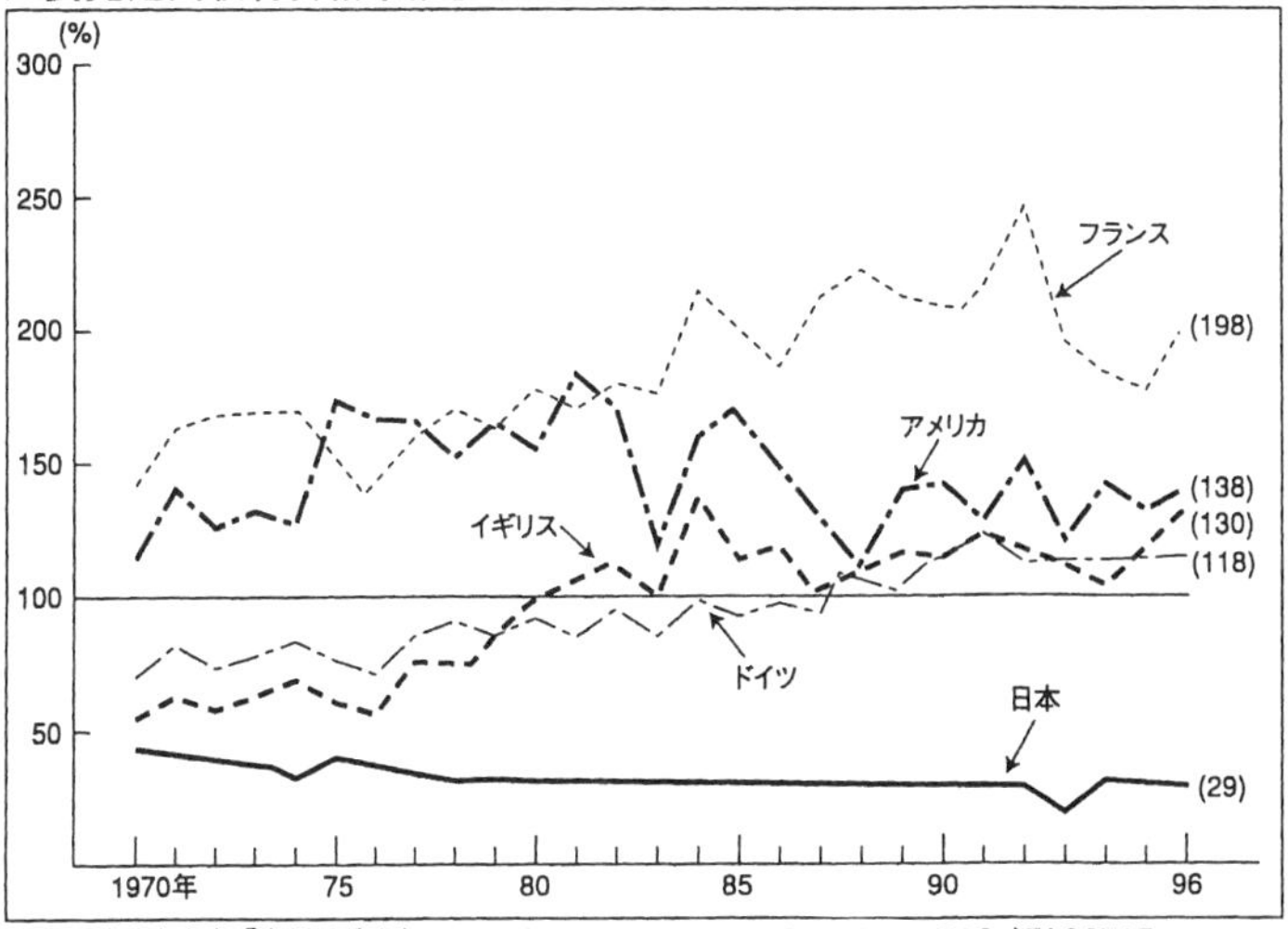

資料：農林水産省「食料需給表」、OECD〝Food Consumption Statistics〟、FAO〝FAOSTAT〟

現代では世界的規模での現象として起こりかねない。食料輸出国が凶作になったとき、その国の農民や都市下層民が絶望的な食料不足に襲われる危険は常に存在している。品薄で高騰した食料を逆流させるのはそう簡単ではない。

　飢饉下の江戸時代、食料を確保する手段として穀留《こくどめ》（穀止）という方法がよく採られた。藩はひとつの国家のようなものであったから、領内の民を飢えさせないために関所（番所）での取り締まりを強化し、穀物が流出しないようにしたのである。そのうえで村・町の家ごとに穀改めを実施し、その米を藩が強制的に買い上げ公定値段で販売するといったように、領主権力が食料の供給に深く介入する場合もあった。

　穀留政策は領主による自衛策であるが、食料が払底している藩にとっては他領からの買い付けが不可能となり致命的であった。食料に多少ゆとりがあった藩でも世情不安、食料不安を抑えるため他藩の支援要請に応《こた》えるのには消極的になる。

それは現代だって同じであろう。食料輸出国でも凶作になれば国家が自国民の保護を優先させるため輸出に制限を加えるだろう。また、食料大国が人道的支援を名目にしつつ、政治的取り引きの道具として食料を利用しようとすることもある。

ただし、穀留という領主の流通規制がなければ穀物が有るところから無いところに動いて需給バランスが取れて飢饉にはならなかった、と考えることができるかといえば必ずしもそうではあるまい。米商人による占《しめ》買い・占売りによる米価高騰の弊害がますます激しくなり、市場経済の常として農村から都市へ、地方から中央へ穀物が流れていくだろう。しかし、その日暮らしの都市下層民には購入できない。

穀留は藩内的にはそのような流通経済に対して取りうる領主の防護策であった。近世の飢饉現象をみていると、国家と市場経済（グローバリズム）のせめぎあいがミニマムなかたちではあれ噴き出していたことは明らかである。封建領主による苛斂《かれん》誅求《ちゆうきゆう》だけでは人災性の説明はつかない。経済現象としての近世の飢饉だったのである。

飢饉・飢餓からの解放

自由放任経済に任すか、国家・行政によるコントロールか、いずれにしても飢饉という状況になってからでは遅い。飢饉以前の施策が必要なのである。

その認識から前述のように社倉など公共的な備荒貯蓄がそれぞれの地域で試みられてきた。また、常平倉《じょうへいそう》といって、豊凶によって米価が上下するのを避けるために豊作時には米を囲って米価の低落をとどめ、凶作時にはその囲米《かこいまい》を放出して米価の高騰を抑える方策も論じられてきた。飢饉後の農村復興のため、米づくりを基本にしながら商品経済の展開に対応していける殖産興業的な地域振興を図る人々も出てくる。

激烈な飢饉体験が農は国の大本という考えを再認識させ、困難に立ち向かう勤勉な日本人のエトス・資質を創り出し、近代の産業発展の下支えになったといえるかもしれない。

食料の生産と供給という問題は、常に人間の生命維持に直接かかわっているがゆえに、市場経済の競争原理にすべて任せるというわけにはいかない。

現代日本についていえば、不時の凶作・輸入急減に対する備えはどうか、食料自給率をどのようにあげるか、農村の活性化をどうつくりだすか、といった食料政策は国家が国民に

人口1億人以上の国の穀物自給率（1996）

国　名	穀物自給率
中国（12.4億人）	94
インド(9.6億人)	100
米国（2.7億人）	138
インドネシア（2.0億人）	91
ブラジル（1.6億人）	85
ロシア（1.5億人）	93
パキスタン（1.4億人）	104
日本（1.3億人）	29
バングラディシュ（1.2億人）	89
ナイジェリア（1.2億人）	94

資料：農林水産省「食料需給表」、FAO「FAOSTAT」

責任を負うべき問題として突きつけられている。

しかし、もはや日本だけの国家エゴ・地域エゴだけでものごとを考える時代ではなくなった。江戸時代の藩と藩の関係にも見えていたことだが、世界のなかで日本がどのような道を選択するのが賢明なのかよく考えなくてはならない。

国際分業だからと発展途上国からたくさん農産食品を買い、見返りに電化製品や車やパソコンを売って消費ニーズに応えるのが、その国への経済貢献なのだろうか。

あるいは、日本の食料自給率をあげて、世界の人口増に負荷をかけず、飢餓している人たちにこそ食料が行き届くように仕組みを変えていくほうが国際貢献になるのだろうか。

国家・地域の成り立ちと世界経済の折り合いをどうつけ、飢饉・飢餓から解放されるか、二一世紀の人類史はそういった課題に具体的な処方箋《しょほうせん》を出していかなければならない。

商人の経済倫理

江戸時代においても富裕商人は米を買い占め、売り惜しみをする私利私欲の存在として批判の矛先を向けられた。富商は施行《せぎょう》を要求されたり打ちこわしの対象になったのはいうまでもない。商業活動や貨幣経済の浸透は、農村を荒廃させていく元凶のようにみなされ、前述の安藤昌益のように商人活動を全面否定し、自然経済の農業に戻れと主張する考えが生まれた。

昌益のように極端でなくとも、飢饉の体験後には、奢侈《しゃし》の生活態度が飢饉を招いたとして人々の消費欲求が非難にさらされ、さながら質素倹約の大号令が日本列島に鳴り響いたような状況となった。農は国の大本という考えは商品経済や商人活動の抑制・統制という方向と当然結びついたから、商品経済の発展が封建社会を内部から壊して近代社会を生み出していくという歴史理解からすれば、封建反動思想として受け取られやすかった。備荒貯蓄も農民に新たな負担を強いる収奪強化、あるいは階級矛盾を隠蔽《いんぺい》する封建領主の延命策でしかなかった。

しかし、市場経済の弊害や行き詰まりが今日はっきり認識されるようになると、時代遅れの保守思想、反動思想と思われていたものが、かえって新鮮な感覚で受け入れられることになる。昌益の思想などもその明確な階級否定、為政者批判という側面を除けば、時代の動きに逆行する農本思想以外の何ものでもなかった。それが、今やエコロジストとして多くの共感者を得て、現代的な読み替えがなされているのである。

このように商人という存在に対して抑圧的な見方が強く存在しているもとで、商人は凶作・飢饉になった時、どのように対応すべきと考えられていたのだろうか。天保《てんぽう》四年（一八三三）から八年にかけて出版された遠藤泰通の『救荒便覧』（『日本経済大典』一五）は、救荒書のなかで最も完備したもののひとつであると評価されているものだが、当時の常識的な商人観を示しているとみてよい。

遠藤は言う。米穀を作る百姓が飢えて死に、米穀を作らない町人が飢えないのはいぶかしいことだ。町人は利にさとく算用にたけているので、士農工が商売によって利を取られるからだろう。しかし商売を一概に悪いものだと決めつけるのはよくない。商人が利を争って安い時に買って、高くなった時に売り出し利倍を得、身上をよくしていくのは、平時ならばさして咎《とが》め立てすることではない。だが、飢歳のときは貪欲に利倍を得ようなどと思ってはならない。人の飢え死にをかえりみず莫大の利を得ようというのは人にあらず、天の罰、神仏の咎めから逃れられることはできない。高利を貪《むさぼ》る者は家を打ちこわされ莫大の損をなし大恥をかくことになる。余分があるならば施しをすべきである、と。

別の箇所でも、富める人は己の家内だけが生き残ればと考えず、人に施しをし、善を積むならば余慶があり子孫の栄えにもなる、と述べていた。

これは経済行為を肯定的にみながら、凶作・飢饉時の営利活動を戒めるものである。現実には凶作・飢饉時に財をなして新興商人として力を蓄える者が出てくるのであるが、飢饉で儲けようというのは人倫にはずれる行為として指弾されていた。むしろ、人々が飢饉で苦しんでいる時には私財を投じて救済すべきものであった。

近世後期、瓦版《かわらばん》や刷り物が発行されはじめると、町人たちの施行番付が売られた。誰が社会的に貢献しているか一目瞭然世間の前にさらされることになった。

経済活動の倫理性、社会的責任はいつの時代にせよ、きびしく問われる必要がある。生命の源である農産物、食料を扱う場合にはとくにそうであろう。

まして現代のように、流通経済が国境を越えてグローバル化している時代においては、ある地域の大凶作が国際的な投機を招き、一部の農業商社にとって大きなビジネスチャンスとなるかもしれない。だがその反面、どこかで飢餓・餓死者を作りださないという保障はないのである。

三　環境思想の系譜

山川は国の本なり

農業・食料生産は環境の視点を抜きにしては語れない時代となった。

肥料ひとつをとってみても、化学肥料が過剰に使用されることによって生態系に影響を与え、かつて有機肥料として使われていた人間・家畜の排泄物《はいせつぶつ》や生ゴミが行き場を失い、その汚染・処理に困っている。ある国では地下水を汲み上げすぎたために水不足が起こり、灌漑《かんがい》できなくなった耕地が増えている。また、ある国では土壌浸食によって農地が失われている。温暖化による異常気象が農業に与える影響もはかりしれない。

このような地球的規模で進行している環境破壊を前にして、経済や食料生産のしくみを持続可能な循環・リサイクル型のものに作り替えようという挑戦がさまざまに取り組まれ始めている。これに伴い、今は失われてしまった列島社会の伝統的な生活文化や農業のありかたから学び直そうという動きも出てきている。

たとえば、農民の暮らしと結びついていた里山、人糞尿を使った循環型農業、豊かな海を守るための森、などへの関心がそうである。自然と共生するアイヌ民族の自然観が注目されているのも同様の文脈からである。

環境歴史学というものが成り立ちうるとして、それがどのように構想されるべきなのか、私にはまだ確かな見通しが立っていない。ただ、日本列島の風土や自然条件を踏まえながら、欧米からの借り物の議論ではない、自前の環境思想の系譜のようなものを歴史の中から汲み上げて再評価していくのも、その役目のひとつだろう。

「山川は国の本なり」というのは、江戸時代前期の儒学者熊沢蕃山《くまざわばんざん》の『大学或問《だいがくわくもん》』における言葉である。その言葉に続けて、近年山が荒れて川が浅くなり、これが国に「大荒」をもたらしていると述べている。

蕃山は岡山藩の池田光政に仕え救荒・治水対策にも力を尽くしたことで知られている。岡山藩は承応《じょうおう》三年（一六五四）未曾有《みぞう》の大水害に遭っているが、その復興に携わった経験を踏まえての発問であった。

山々に杉・檜《ひのき》、あるいは雑木が多いときには、夏の盛りに夕立雨がたびたび降ってくれれば、池がなくても日損《ひそん》にはならない。山が茂って土砂が流出しなければ、一水ごとに川にたまっていた土砂が海に落ちていき、その結果川が深くなり洪水の憂いがなくなる、というのが蕃山の主張であった。

森林の保水・治水機能への着目である。森林が日照りや洪水の対策にとっていかに大事であるかを、山川は国の本という表現で示してみせたのである。蕃山ひとりだけでなく、時の江戸幕府もまた山林保護の姿勢を打ち出すことがあった。蕃山の文中にもみえる寛文《かんぶん》六年（一六六六）の有名な「山川掟《おきて》」三カ条である。

その考証は塚本学『小さな歴史と大きな歴史』などに詳しいが、川筋に土砂が流出しないように草木の根を掘ることを禁止する、川上左右の山方に木立がない場合には植林して土砂が落ちないようにする、川筋川原で新規に田畑を開発したり竹木葭萱《ちくぼくよしかや》を仕立ててはならない、山中に焼畑を新規に開いてはならない、といったことが記されていた。水田稲作というものを社会の基本に据えた江戸時代の幕府や藩にとって、治水は領主権の存立と深くかかわっていたのである。

水源を正しくする

秋田藩の釈浄因《じよういん》の著した『羽陽秋北水土録《うようしゆうほくすいどろく》』（『平鹿《ひらか》町史料集』三）も、近年にわかに注目されてきた農書であろう。

浄因は平鹿郡浅舞村の玄福寺の僧侶で、自ら荒廃田の再興に携わった経験をもち、天明八年（一七八八）にこの『水土録』を完成させている。農書のジャンルに入るとはいえ、中国の古典に通じ、山海・水源・時候といった自然環境から政事・祭祀《さいし》の農政にまで説き及んでいる大部な著作である。

浄因は当時の秋田藩における農村荒廃の原因を的確に捉《とら》えていた。天明三年以降廃田が増えたのは必ずしも凶年の影響ばかりではない。その根には宝暦・安永《あんえい》年間の米価の低迷がある。そのため農家は経営に行き詰まり、年貢上納を果たせなくなる「半荒れ」状態に陥ってしまった。天明三年の凶作はいわば離農、廃田になるきっかけを与えただけだ、というのである。凶作・飢饉が農村を荒廃させた原因であると、何となく思い込んでいるのであるが、その不充分さをはっきり指摘していたことになろう。

また、環境に関わる点を紹介しておくと、たとえば「水源」について次のように述べている。秋田藩の場合、往古から中古までは山谷・園林に樹木が多くて水田開発がうまく進んだが、中古以来樹木を乱伐したために水田が乾燥してしまい廃田が生じてしまった。水源を正しくしていれば、水不足を引き起こすことはない。山谷・平陸の大樹や良材を伐採すれば当面の利益にはなるけれども、長い目でみれば千万倍の損失を被ることがある、と。

浄因は森林の保水機能にやはり着目していた。農業には森林保全が不可欠というのは、江戸時代からすでに、山岳が多く急流の多い日本列島の自然の特徴をよく知った者たちに共通する認識だったように思われる。

森林破壊によるしっぺ返しは今日、世界の各所において深刻になっている。飢餓が伝えられる近隣国の最近の例では、食料増産を優先するあまり森林を切り尽くして農地にし、その結果大洪水を引き起こし、耕地が土砂で埋まり荒れてしまったのが、飢餓の原因であるといわれている。浄因の言う千万倍の損失とはこのことであろう。

日本においてもバブル期のリゾート開発などで森林の山肌が削られ、森林荒廃は決してよそごとではない。森を大切にしてきた列島の人々の知恵をわたしたちはどこに置き忘れてきたのだろうか。それを取り戻すのは今からでも遅くはない。

食料・農業・環境

水田農業もまた、国土の保全機能の側面から論じられることが多い。水田がダムの役割をして下流地域の都市を洪水の危険から救っているというのである。また、農民たちの努力で長い歴史をかけて作られてきた農村の景観自体も、美しい日本の原風景であった。

今、日本農業の基幹であった水田稲作は、自由化の波、減反、後継者不足のなかで前途多難な局面を迎えている。きちんとした目標を立てて臨まないと、農業崩壊、国内食料生産の崩壊になりかねない事態となっている。

日本史・民俗学の分野でいうと、従来の歴史・民俗理解は水田中心、農業中心の見方であるとして批判にさらされている。日本の歴史を水田中心に領主と農民の関係史として描いてきたことによって、日本列島における非農業民・非稲作民の多様な活動が切り捨てられてしまい、偏った日本史像を作りだしてきたというのである。また、農業に光をあてるにしても、畑作が果たしてきた役割を正当に評価すべしという意見もあった。

そのような日本史像の見直しを私は好意的に受け止めてきた。米＝農本＝民族主義の呪縛《じゅばく》から一度解放されて、日本列島に生きてきた人たちのありのままのすがたに立ち戻って考えることが必要だと思われたからである。

だが、水田中心史観への批判は、じつは日本の伝統的な社会の解体や農業の衰退という現実を背景にして生まれ、力を得てきた論であることを見過ごすわけにはいかない。もはや農耕民族という生活実感を持ちにくくなっている現代日本において、非農業民的・商工民的日本史イメージは違和感なく受け入れられているのでなかろうか。そのことによる問題もよく考えなくてはならない。

最近の江戸時代の研究をみていると、農村史・農民史は主要なテーマではなくなってしまった。現代の都市生活が江戸時代の都市生活をのぞきやすくしている一方、農村や農民が見えなくなりつつあるのが、今日的状況である。このことが水田稲作への関心を希薄化させ、食料生産や農業への軽視につながっていくという、恐れなしとしない。

列島日本の飢饉の語り部の役割もそろそろ終わりにしたい。

江戸時代の飢饉を通して都市と農村、あるいは中央と地方の関係を問い、農業生産と自然のかかわりを問い、政治道徳や経済倫理のあり方を問い、人々が食料に飢えないための人類史に思いをめぐらし、飢饉への想像力をかきたてられるよう、ささやかながら努力してきた。

水田・農業中心史観の呪縛から自由になったところで、食料・農業・環境への関心は、おそらく装いを新たにして、これからの歴史学の主要なテーマのひとつになっていくであろう。私もその動きをつくりだしていくひとりでありたい。

あとがき

この本では、日本列島における飢饉の時代相を概観したうえで、江戸時代を中心に、飢饉とはどのような状況だったのか、飢饉はどのようなしくみのなかで発生していたのか、飢饉を未然に防ぐための方策がどのように取り組まれてきたのか、私の理解するところを説明し、最後に現代との関わりで飢饉の歴史から何を読み取るべきか述べてみた。やや内容を欲張りすぎていて、あまり読みやすい仕上がりになっていないのではないかと恐れるが、その点はお許しいただきたい。

新書本としてはすでに荒川秀俊著『飢饉』（教育社）がある。気象学者の眼差しが利いた好著として今後も読まれ続けると思うが、書かれてから早いもので二〇年以上も経過している。この間、食料をめぐる問題状況は大きく変化したし、食料・飢饉に関連する研究も進展してきた。また、歴史研究者によるコンパクトな飢饉の本がないのも不思議なことであった。そこで、新たに書いてみることに多少意義があると思い、本書の執筆を引き受けた。

飢饉の歴史に取り組み始めたのは、職を得て東北に戻ってからのことであるが、かれこれ一〇年を超える年月、飢饉にこだわり続けてきたことになる。江戸時代の東北地方の民衆生活史的な研究がしたくて、まずは飢饉下の民衆生活に目を向けて調べてみようというのがきっかけだったように思う。飢饉は民衆生活史のひとつのテーマにすぎないつもりであったが、予定とは違って、すっかり飢饉研究の深みにはまってしまい、抜け出せないままに今日に至ってしまった。

というのも、飢饉に関心を持ち始めるや、飽食という言葉が使われるようなった現代日本の食料事情のいびつな構造に気づかされ、とくに一九九三年の凶作による米不足・食料不安を経験することによって、飢饉論あるいは飢饉史それ自体に研究の意義を感ずるようになったからである。現代と関わりあう歴史学というものの役割についても当然意識せざるをえなかった。飢饉という切り口からどのような問題が見えてくるのか、飢饉に関連する問題群をできるだけいっぱい提出してみようというのが、今の私の飢饉研究に臨む姿勢である。今後もしばらくはこのような気持ちで飢饉研究を続けていきたい。

校正で読み返してみて、本書の反省点をひとつだけあげておきたい。それは「危機管理」という言葉についてである。文脈的には民衆が飢えなくてもよい、飢えた人々が発生しない安全なシステムがどのようにつくられているか、という意味あいで使っているが、「危機管理」というと国家のそれのように語られることが多く、注意しないと民衆の食料・生命の視点がどこかで曖昧《あいまい》にされ、すりかえられる危うさをもっている言葉のように思う。別な言葉に言い換えるべきかとも考えたが、民衆の側から国家の責任、政治の責任というものを問うている姿勢はわかっていただけると思い、結局そのままにしておいた。

読みやすい本づくりにあたっては、新書編集部の方々に大変お世話になった。とくにどのような図版を入れたら分かりやすくなるかご尽力いただいた。末尾となったが、一言御礼申上げる。

二〇〇〇年五月一〇日

菊池勇夫

補　論

小著が出てから早いもので二〇年近くにもなる。この間の二〇一一年三月一一日、最大級の東北地方太平洋沖地震が発生した（地震に伴う原発事故を合わせて東日本大震災と呼ぶ、「三・一一」などと略称）。宮城県の地元紙『河北新報』の一面には今も「東日本大震災死者数（行方不明者数）」が毎日掲載されている。この文章を執筆中の二〇一八年一一月二七日の紙面には、全国死者数一万五八九六人・行方不明者二五三六人とある。また、近年の大洪水の被害などをみていると、地球温暖化のもたらす異常気象・災害も現実化して激しくなってきているのではと感じるようになった。

自然現象としての不可抗力はむろんあるが、人間の活動や対応がよい方向ばかりでなく、災害をも生み出してきたという側面がこれほど大きくなった時代はかつてなかったのではないか。災害リスクを減らして安心して暮らせる世の中にしようと努力する動きのあるいっぽう、その期待に添わないこともたくさんみられる。

「三・一一」以後、とりわけそのようなもどかしさを日々覚えながら、飢饉や災害の記録史料をさらに集めて、読みなおす作業を自らに課してきた（『非常非命の歴史学―東北大飢饉再考』校倉書房、二〇一七年、ほか)。すでに論じてみたことであるが、その一端をかいつまんで述べてみたい。

奢りと天罰

東日本大震災の直後のことであったが、首都東京の現職知事が、「津波をうまく利用して、我欲を一回洗い落とす必要がある。これはやっぱり天罰だと思う」(『朝日新聞』二〇一一年三月一五日)などと発言をして反発を買い、その発言を撤回したことが思い出される。誰に天罰が下ったのか、「積年たまった日本人の心の垢を」といっていたから、「日本人」一般を念頭においての、「我欲」に満ち満ちた現代への批判のつもりであったのであろう。

飢饉や災害は人間の奢《おご》りが招いた「天の戒め」「天罰」であるとする捉え方は江戸時代では社会通念といってよかった。たとえば、下野《しもつけ》国黒羽《くろばね》藩の家老鈴木武助が天明の飢饉から約二〇年後の文化二年(一八〇五)に著した『農喩《のうゆ》』のなかで、今の世の人心はただ金銭のみを重んじ、凶年や不作のあることも考えないで大切な農業を疎かにする者が多い、農業を嫌って、奢の風俗に移っていくならば、その「天罰」として「天変凶年」がこの後またくるかもしれない、その心得のために書き置いたと、執筆の動機を記していた。農は国の本という考えかたが基本にあった。

また、仙台藩領の遊閑斎《ゆうかんさい》と称した老人の書いた『天保日記抜書』(『塩釜市史』資料編)は、天保年間にあった数年の凶作を考えてみると、世上が奢《おご》って増長し、居食住ともに花麗を好むようになり、自分ばかりを利して、天の道を守ろうとする者が稀になった、ただ遊んで酒食し、心のままに世を送ろうとする人気が天に通じ、年増《としまし》に不気候になったと述べている。両人とも、貨幣経済や商品経済の展開によって衣食住の生活が向上する一方、その贅沢な暮らしぶりが凶作や飢饉への備えをおろそかにしてしまうのであると、天罰や天道を持ち出して警鐘していたのであった。

遊閑斎も強い衝撃を受けたのであろう、天保八年（一八三七）の大塩平八郎の檄文《げきぶん》を書き写していた。大塩檄文は、二百四、五十年の太平の間に「上たる人」は奢りを極めて「四海困窮」し、人々の「怨気《えんき》」が天に通じて年々地震、火災、山崩れ、水溢《あふ》れなどが起り、ついには五穀飢饉となった、これは、天よりの深い「誡《いまし》め」のありがたいお告げなのに「上たる人」は一向に気づかないでいる、「小人奸邪《かんじや》」の輩《ともがら》が「政事」を執行し、小前《こまえ》百姓を難儀させているのをみていると、孔子《こうし》・孟子《もうし》の語る「道徳」もない、そこで「下民」を苦しめている諸役人や金持ち町人は「誅戮《ちゆうりく》」するほかない、などと主張していた。

儒学的な仁政観や天災・天罰論がストレートに表れている。政治にあずかる者は諸々の災害を天の戒め（天譴《てんけん》）と受けとめて、人民を困窮させないようにそれまでの政治を改めて仁政を施さなくてはならないのであったが、それが見込めないなら、大塩らが自ら天罰を執行するよりほかないと考えての決起であった。災害は天の戒めという聖人の教えは、誰よりも政治に関与する者が心すべきことであり、ひろく世間一般の奢りに解消できない、為政者自身を縛る政治道徳の問題であった。政治家は天罰や道徳を語るとき、自分自身に向けられるものであることを知らないといけないのであった。

気候変動と経済社会

この数年間、総合地球環境学研究所の「気候適応史プロジェクト」(リーダー中塚武)に近世史グループの一員として参加してきた。その全体的な成果はまもなく公開される。縄文時代から現代までの気候変動を最新の自然科学的な手法で復元し、歴史史料や考古資料と突き合わせて、気候変動に対して各時代の社会がそれにどのように応答してきたのか明らかにし、それを通して現代の地球温暖化など地球環境問題にコミットしていく、そのようなプロジェクトと理解している。

小著においてもその当時の研究を参照して、江戸時代の寒冷・温暖を繰り返した気候の変化を取り上げている。東北地方を中心に述べたのでヤマセによる冷害、凶作に関心が注がれているのはやむをえないとして、南北に長い列島各地の気候、作柄はどのようなものであったのかを、全国的にみればかなりの地域差があった。

たとえば天保四・五年(一八三三・三四)の飢饉のとき、東北地方が大凶作となっても(その東北内部でも地域差があるが)、九州では豊作となり、商人の買い占めなどもあって大坂市場で高く売られたという(『雑記後車《こうしゃ》の戒』)。異常気象の影響の程度が、いわば列島社会のうえに「天国」と「地獄」を同時に作り出し、経済的にも地域偏差を引き起こすものであることを考えるようになった。飢饉地帯だけをみていてもわからないことである。凶作・飢饉時に米など食料が列島全体でどのように動いているのか、具体的にはまだまだこれからの課題である。

産業革命以来、化石燃料を大量に使用してきたのが地球温暖化の主な原因であると考えられ、それを抑えることが国際的な至急の課題となっている。温暖化が何を引き起こすのか、そのように視点を変えてみると、江戸時代にいくたびか大飢饉に襲われた東北地方においても寒冷化とそれへの対応ばかりをみていてはいけないことになる。

じっさい、災害年表を作ってみるとわかることであるが、飢饉の激しかった北東北でも、冷害ではなく日照りの害がめだつ時期が確認できる。たとえば、元禄《げんろく》の飢饉後の一八世紀前期には津軽、南部などでも旱害《かんがい》の年がしばしばあり、雨乞いが行われている。また、洪水など風水害も他の時期に比べ多く発生しているようにうかがわれ、これは明らかに古気候データによる温暖・多湿の時期と重なっている。東北地方では多少の被害があってもおおむね飢饉に至ることはなく、社会的には有利に働いた。稲作では晩稲《おくて》の栽培が進み、人口も近世を通じて最大となり、中山間地域に残っていた大家族制（名子《なご》制）が解体して小農が自立し、商品・貨幣経済なども隅々まで浸透してくる。

しかし、一八世紀半ばから寛延《かんえん》・宝暦《ほうれき》・天明《てんめい》と立て続けに冷害型凶作が襲うと、いったん達成されたものがダメージを受け、小農への打撃など被害も甚大になってしまったという側面がある。温暖期にリスクが伏在し大きくなったといえそうなのである。寒冷期の飢饉を読み解くには温暖期が鍵ということか。温暖化といってもこれから予想されるそれが、江戸時代の温暖化の範囲に収まっているというわけではなく、それを超えるとき、温暖化が有利に働きそうな東北地方といえども異常気象の振れ幅が激しくなり安閑できないとみるべきである。

地域史と災害

凶作・飢饉の歴史をみていくとき、江戸時代でも列島社会の全体を見渡すような鳥瞰《ちょうかん》的な大きな視座が必要なことは前述したが、それだけでは実態に迫ることはできない。災害にさらされるのはその地域の住民であり、家・個人である。直接的被害を受けたところとそうではないところとでは犠牲と困難において天と地ほどの開きがある。

一人ひとりの体験は、すぐれて個別的で、それぞれの身に降りかかったことである。過去の歴史災害の復元においても、数値化・グラフ化して類似性や傾向性をつかむだけでは済まない問題がたくさんある。地域あるいは家族・個々人のそれぞれの災難・困難に即してみていくことが歴史学には求められているとあらためて認識させられる。

地域史、さしあたり市町村の自治体史を念頭においてもよいが、これだけ広域合併が進むと地域社会のイメージが拡散してしまう。地域の取り方はその土地に住む人たちの結びつきからさまざまに設定されうるものである。とりあえずは江戸時代にあった集落・村を人の住み方の基本単位としてみていくのがよいと思われるが、河川水害に目を向けるならば同じ川筋の流域史のようなことも試みてよいだろう。

岩手県一関《いちのせき》市に、鎌倉時代の荘園絵図二枚に描かれた「骨寺《ほねでら》村荘園遺跡」がある。骨寺（近世には本寺）は磐井川上流にある山間小盆地の集落で、中世には平泉《ひらいずみ》中尊寺の経蔵《きょうぞう》別当領だったところである。その絵図の読み解きと荘園遺跡の村落調査が進められ、世界文化遺産「平泉」への追加登録が目指されてきた。今に至る、いわば「一〇〇〇年」の歴史のあるこの集落は、イグネ（屋敷林）に囲まれた家と、隣接してひろがる水田と、そして小盆地を取り巻く山林（かつては草地もたくさんあった）という三つの構成要素が合わさって、美しい農村の景観を作り出している。

このような「一〇〇〇年」の長い歴史が知られる集落であっても、順調に開発され維持されてきたとばかりはいえなかった。戦乱や凶作・飢饉などの困難がこの集落にも押し寄せたと考えるべきである。仙台藩領時代の本寺関係の史料のうちに、享保《きょうほう》一二年（一七二七）と天保《てんぽう》一〇年（一八三九）のキリシタン宗門改めの人別帳（仙台藩ではふつう「高人数改帳」と記す）があるので、およその集落の変化をうかがうことができる。

それによると、一八世紀前半の温暖期に大家族経営から小経営が自立して百姓軒数が大幅に増え、近世的な農村に変わった。天明の飢饉の影響については不明なものの相当大きかったと推測され、その後やや回復したにせよ、天保の飢饉によって集落の人口が三割以上も激減していたことが知られる。家の維持、集落人口の回復のため他領の人も入れるなどその後の対策も容易なことではなかった（一関市博物館『骨寺村荘園遺跡村落調査研究総括報告書』、二〇一七年）。おそらく「一〇〇〇年の歴史」のなかでいくたびもこのような困難を繰り返してきたのであって、世代を超えて村を維持し続けることの努力なしには今日の集落景観はなかった。むろん集落史の盛衰は全国に数万とあった村の一つひとつにいえることであり、村名が消え、断絶してしまうことも珍しくなかったのである。

救済と備荒の仕組み

「三・一一」以後、その被災地の実情が知られてくると、よりいっそう飢饉で死んでいった人たちの「非常・非命」の事情も気になるようになった。ある藩の日記などに、村からの訴えで誰それがいつ欠落《かけおち》したと記載されたり、城下のある場所に年ごろいくつの男が「乞食体《こつじきてい》」のすがたで餓死していたと記載されたりしていれば、その個別例の背景に何があってそうなったのか想像し、日を追うごとにそうした記載がいくつも出てくると、もはやただならない事態が生じていたと確信することになる。

飢饉下の民衆の状況については当初からの関心で、小著の第二章にある程度のことは述べている。ここで考えてみたいのは、右に述べたように、その当人が欠落あるいは倒れ死に追い込まれていく事情についてであり、言い換えればそうならないための手立てや仕組みがどのようであったのか、という点である。手痛い災害体験のあとには復旧・復興に向けた努力がなされ、防災の新たな仕組みも模索される。そういったこともここには含まれる。

飢えて死ぬのは、その当人の奢り、身持ちの悪さに起因している、いっぽう社会も国家も冷淡であって頼りにならないものであるとみてしまうと、そうした立論を必要としない。今日の言い方では自己責任論ということになるが、そうではなくて、あくまで社会的・政治的な仕組みや責任の問題として問うていくことが大切と思う。自分のことは自分でという「自助」ではどうにもならないことはいくらでもありえ、十分か不十分かはともかく、救済や備荒の仕組みをその社会、時代が作り出してきたことは認めなくてはならない。

詳しくは前掲書に収めた論考ということになるが、江戸時代の救済のあり様はひとまず「自助」と「共助」と「公助」の三つのレベルに分けて捉えることができる。村落を念頭におけば、百姓・家―村・共同体―領主・権力といった社会的政治的関係のなかでその三つがどのように機能しているかということである。

もし、親類・縁者に頼ることができたら飢えて死なずに済んだかもしれない。五人組や肝煎（名主・庄屋）が面倒をみることが期待された村社会でもあった。金銭の立て替え、貸し借りが絡んでくるのでそう甘くはないが、お互いに助け合う「共助」ということになる。また、領主（幕府や藩など）からの食料の支給や貸与といった公的救済の「公助」があった。領主が領主として受け入れられているのは、年貢収入等のうち民生費に回される割合が少ないながら、領民に対して「仁政」を施すことが責務だからであった。領主が窮民救済を目的として、米・雑穀を所有する百姓からその自食分を除いて強権的に買い上げようとする方策もときに実行されたが、「自助」や「共助」の部分に食い込むことから反発を受け、一揆・騒動を招きやすかった。

居住の村を出て「乞食」となった場合でも、施し・施される社会的慣行が存在し、領主による御救小屋が設けられたのは、小著でも触れている。しかしながら、「共助」や「公助」が機能しないとなると、身売り・自死を含む「自助」だけのサバイバルとなり、生と死の際《きわ》に立たされ、命をつなげるのは難しかった。大飢饉とは多くの人たちがそのような状況に放置されたことを意味している。

江戸時代の中後期ともなると、甚大な飢饉被害を前にして、社倉《しやそう》・義倉《ぎそう》などと呼ばれている備荒貯蓄が積極的に取り組まれ始める。百姓がいくらかずつ米・金などを出し合い、それを村で共同管理し、領主もいくぶん拠出などして監督する、「共助」を基本にした備荒制度である。百姓にとって新たな負担になり、均等割りだと貧農層にいっそう重たくなるのであるが、それでも大飢饉の体験が小百姓を含め村民の自治的な動きを生み出した。「共助」といっても、それまでの村の肝煎や富裕有徳の者に頼るかたちではなく、いわば地域行政的な制度、仕組みとしての、いわば「公・共」の救済システムというべきものであった。

ただし、備荒貯蓄といっても、貸出の利息によって備蓄量を積み増していく運用方式を採ることが多く、現物の穀物が貸し出されたままになっていて、いざ飢饉時となってみれば役に立たないケースがみられた。そうした反省からむやみに貸し出さないとか、永年保存に耐えられるかたちの貯蓄方法にするとか、改善が図られていく。

領主に促されたという側面はむろんあったが、地域社会の側から作り上げられたこうした江戸時代の「村」の社倉・義倉は幕府・藩の崩壊とともに途絶されたものが多い。戊辰《ぼしん》戦争や明治二年（一八六九）の大凶作の際に使われて減ってしまったが、近代国家の中央権限の強い地方行政のもとでの備荒政策、郷倉にそのままつながっているわけではない。近世と近代の連続・断絶については実例に基づいた検討がなお必要なように思われる。付け加えておけば、昭和九年（一九三四）の東北大凶作後、「恩賜郷倉《おんしごうそう》」が各地に数多く建設された。数年で廃れたものが少なくないといわれているが、今もいくらかはその建物が現存している。

戊辰戦争後の大凶作

二〇一八年は明治改元一五〇年にあたるとして、明治維新とその後の近代国家の歩みが振り返られている。しかし、東北地方ではいささか受け止め方が違い、戊辰戦争一五〇年としてそれぞれの藩の命運が思い起こされている。ここでは立ち入らないが、災害と戦争は非常の体験・記憶のかたちとして似通った側面がある。

戊辰戦争後の明治二年（一八六九）は、東北地方が大凶作となった年である。東北地方の「賊軍」となり「降伏謝罪」した藩は領地を減らされ、あるいは転封《てんぽう》の憂き目をみた。新政府の直轄となったところには、新政府側の藩による「取締」の後に、府藩県三治制のもとでの「県」が設置された。

盛岡藩の領地であった鹿角《かづの》郡（花輪《はなわ》・毛馬内《けまない》代官区、現秋田県）は新政府に没収され、めまぐるしい変遷のあと、明治二年一一月に江刺《えさし》県の管轄となった。のちに足尾鉱毒事件に取り組むことになる田中正造は江刺県花輪支庁に勤務し、やがて冤罪《えんざい》の「殺人疑獄」事件に巻き込まれていくことになるが、明治三年三月、「救助窮民取調」の役人として七か村の百姓家を巡回していたのはどれだけ知られていようか。

その日記には、百姓一軒ごとに家内人数・馬数・手業《てわざ》（働き手）人数と、「米四斗、粟《あわ》三升」「食物少モナシ」などと食物の所持状況が記されている。ある村ではおよそ四〇軒のうち一五軒が「極《ご》困窮」であった。ある百姓の家では「から（殼）稗」を一石六斗持っていたが、疑問に思い、釜を改めてみたところ、稗を殼つきのまま煮て、塩を入れ、粥にしてあり、正造はこれをみて「歎息」に堪えず「泣涕《きゆうてい》」した。困窮百姓の暮らし向きに心を寄せる正造のすがたがある（『田中正造全集』第一巻・第九巻）。鹿角郡は戊辰戦争で、盛岡藩が秋田藩の大館地方に攻め込んだ際、その攻撃口となり、補給基地となった地域である。その負担に加えての敗戦後の大凶作であった。

会津藩は明治二年一一月、斗南《となみ》藩三万石としてその存続が許された。鹿角郡が江刺県に編入されたのも斗南藩の成立に関係があったが、その斗南藩の北奥《ほくおう》の新天地もそのような凶作地であった。明治三年一一月の「五戸《ごのへ》近村下民《かみん》嘆願書」によると、この年の拝借種籾が土地に合わなかったのか苗代が損じて上田《じようでん》でも稗《ひえ》を植えたところがあり、そのため飯料が取り続くか心配されるので年貢米の三分の一を明年秋の上納にしてもらいたいと、農民が要求していた。斗南藩は聞き入れず却下している。また、盛岡藩時代から続く大豆の買い上げをめぐっても百姓から「難渋」を申し立てられていた（『風説書（北行日誌）』、『青森県史』資料編近世6）。

斗南藩士の移住地での苦労がもっぱら語られてきたのであるが、その支配下の民衆も生活危機のなかにあった。イベントとしての「明治一五〇年」は、戦争・凶作と続いた明治初年の東北民衆にどれほどの関心を向けているといえるのだろうか。

新しいデータ

小著に載せた日本の食料自給率のデータが今どのようになっているか最後に示しておこう。農林水産省のホームページをみれば「食料自給率の推移」などの表が容易にみられるようになって便利になった。

二〇一六年度は穀物全体の自給率（飼料用含む）二八%、主食用穀物自給率五九%、供給熱量ベース（カロリーベース）総合食料自給率三八%、生産額ベース総合食料自給率六七%、二〇一七年度（概算）は生産額ベース六五%、ほかは前年度と変わりない数字となっている。自給率の改善が必要と語られながら、いっこうに回復せず、低迷したままである。農作物作付（栽培）延べ面積が二〇〇八年度四二六・五万ヘクタルであったものが、二〇一七年度四〇七・四万ヘクタルに減っているなど、農業の基盤力がさらに細ってきている。

それに対して外国であるが、二〇一三年のカロリーベースではアメリカ一三〇%、カナダ二六四%、オーストラリア二二三%、フランス一二七%、ドイツ九五%、イギリス六三%となっている。日本とは大違いであるが、アメリカ・カナダ・オーストラリアの数字をみれば、日本がいかにそれらの国の農産物を買ってくれる得意先になっているかがわかる。列島社会に再び飢えが作り出されないよう、また世界の人々にも迷惑をかけないよう、日本の「食と農」をどのように展望していったらよいのか、過去の飢饉・災害の歴史に学ぶことは少なくないはずである。

復刊にあたっては、本文は初版当時のままとしたが、図版のうち写真など省いたものがある。執筆当時の研究状況、社会の雰囲気を受けての、いわば一作品として読んでいただけたら幸いである。

（二〇一八年一一月、仙台にて）

本書の原本は、二〇〇〇年に『飢饉　飢えと食の日本史』として集英社より刊行されました。

著者略歴
一九五〇年　青森県生まれ
一九八〇年　立教大学大学院文学研究科博士課程
　　　　　　単位取得退学
現　在　宮城学院女子大学名誉教授

〔主要著書〕
『五稜郭の戦い―蝦夷地の終焉―』（吉川弘文館、二〇一五年）、『非常非命の歴史学―東北大飢饉再考―』（校倉書房、二〇一七年）、『戊辰戦争と東北・道南―地方・民衆の視座から―』（芙蓉書房出版、二〇二二年）、『江戸時代の災害・飢饉・疫病―列島社会と地域社会のなかで―』（吉川弘文館、二〇二三年）、『近世の気象災害と危機対応―凶作・飢饉・地域社会―』（吉川弘文館、二〇二四年）

読みなおす日本史

飢えと食の日本史

二〇一九年（平成三十一）四月三十日　第一刷発行
二〇二四年（令和　六　）五月　十　日　第二刷発行

著　者　菊《きく》池《ち》勇《いさ》夫《お》
発行者　吉川道郎
発行所　株式会社　吉川弘文館
郵便番号一一三―〇〇三三
東京都文京区本郷七丁目二番八号
電話〇三―三八一三―九一五一〈代表〉
振替口座〇〇一〇〇―五―二四四
https://www.yoshikawa-k.co.jp/
組版＝株式会社キャップス
印刷＝藤原印刷株式会社
製本＝ナショナル製本協同組合
装幀＝渡邉雄哉

ISBN978-4-642-07104-8

読みなおす日本史

刊行のことば

現代社会では、膨大な数の新刊図書が日々書店に並んでいます。昨今の電子書籍を含めますと、一人の読者が書名すら目にすることができないほどとなっています。ましてや、数年以前に刊行された本は書店の店頭に並ぶことも少なく、良書でありながらめぐり会うことのできない例は、日常的なことになっています。

人文書、とりわけ小社が専門とする歴史書におきましても、広く学界共通の財産として参照されるべきものとなっているにもかかわらず、その多くが現在では市場に出回らず入手、講読に時間と手間がかかるようになってしまっています。歴史の面白さを伝える図書を、読者の手元に届けることができないことは、歴史書出版の一翼を担う小社としても遺憾とするところです。

そこで、良書の発掘を通して、読者と図書をめぐる豊かな関係に寄与すべく、シリーズ「読みなおす日本史」を刊行いたします。本シリーズは、既刊の日本史関係書のなかから、研究の進展に今も寄与し続けているとともに、現在も広く読者に訴える力を有している良書を精選し順次定期的に刊行するものです。これらの知の文化遺産が、ゆるぎない視点からことの本質を説き続ける、確かな水先案内として迎えられることを切に願ってやみません。

二〇一二年四月

吉川弘文館

読みなおす日本史

境界争いと戦国諜報戦 盛本昌広著 二二〇〇円
邪馬台国をとらえなおす 大塚初重著 二二〇〇円
百人一首の歴史学 関 幸彦著 二二〇〇円
江戸城 将軍家の生活 村井益男著 二二〇〇円
沖縄からアジアが見える 比嘉政夫著 二二〇〇円
海の武士団 水軍と海賊のあいだ 黒嶋 敏著 二二〇〇円
呪いの都 平安京 呪詛・呪術・陰陽師 繁田信一著 二二〇〇円
平家物語を読む 古典文学の世界 永積安明著 二二〇〇円
坂本龍馬とその時代 佐々木 克著 二二〇〇円
不動明王 渡辺照宏著 二二〇〇円
女人政治の中世 北条政子と日野富子 田端泰子著 二二〇〇円

大村純忠 外山幹夫著 二二〇〇円
佐久間象山 源 了圓著 二二〇〇円
源頼朝と鎌倉幕府 上杉和彦著 二二〇〇円
近畿の古墳と古代史 白石太一郎著 二四〇〇円
東国の古墳と古代史 白石太一郎著 二四〇〇円
昭和の代議士 楠 精一郎著 二二〇〇円
春日局 知られざる実像 小和田哲男著 二二〇〇円
伊勢神宮 東アジアのアマテラス 千田 稔著 二二〇〇円
中世の裁判を読み解く 網野善彦・笠松宏至著 二五〇〇円
アイヌ民族と日本人 東アジアのなかの蝦夷地 菊池勇夫著 二四〇〇円
空海と密教 「情報」と「癒し」の扉をひらく 頼富本宏著 二二〇〇円

吉川弘文館
（価格は税別）